“十四五”普通高等教育本科部委级规划教材

工业产品设计丛书

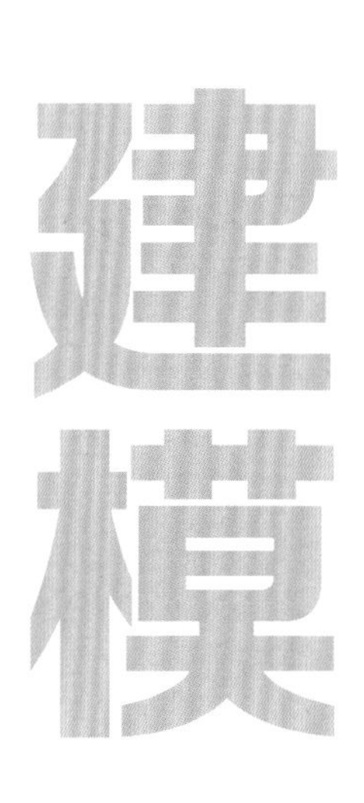

数字建模

DIGITAL MODELING

张岩 任雁明 著

中国纺织出版社有限公司

内 容 提 要

本书通过数字建模概述，对数字建模的种类及步骤、数字建模二维和三维表现常用软件及特点、数字建模效果图渲染常用软件及特点做了简要介绍，使读者对数字建模有一个初步的认识和了解。以具体设计案例详述数字建模的设计流程是本书的一大特点，读者可以在二维和三维数字建模案例的引导下对数字建模有一个更加清晰的解读，并能够通过具体案例的学习获得大量信息，从详细的步骤解析中学到更多数字建模的设计方法和技巧。

本书内容丰富翔实，插图精美直观，图文并茂，针对性强，具有较高的学习和研究价值，适合高等院校艺术设计专业师生学习，也可供数字建模从业人员、研究者参考使用，对数字建模的实践、研究和发展具有一定的引领性。

图书在版编目（CIP）数据

数字建模 / 张岩，任雁明著 . -- 北京：中国纺织出版社有限公司，2022.6

（工业产品设计丛书）

“十四五”普通高等教育本科部委级规划教材

ISBN 978-7-5180-9451-6

Ⅰ. ①数… Ⅱ. ①张… ②任… Ⅲ. ①系统建模—高等学校—教材 Ⅳ. ①N945.12

中国版本图书馆 CIP 数据核字（2022）第 051960 号

责任编辑：李春奕　　责任校对：江思飞
责任设计：何　建　　责任印制：王艳丽

中国纺织出版社有限公司出版发行
地址：北京市朝阳区百子湾东里 A407 号楼　邮政编码：100124
销售电话：010—67004422　传真：010—87155801
http://www.c-textilep.com
中国纺织出版社天猫旗舰店
官方微博 http://weibo.com/2119887771
北京华联印刷有限公司印刷　各地新华书店经销
2022 年 6 月第 1 版第 1 次印刷
开本：787 × 1092　1/16　印张：7.5
字数：80 千字　定价：68.00 元

PREFACE 序

数字建模是高等院校艺术设计专业学生需要学习的重要内容，主要为培养学生在二维和三维建筑模型、工业产品模型、人物模型等方面的数字化建立模型的能力。在社会数字化的今天，数字建模技法多种多样，需要将手绘、平面创作、三维设计相结合。数字建模的过程是设计者将设计理念逐步可视化的过程，是设计表达与设计思想相互冲突、相互作用的过程，这个过程充满乐趣和挑战。

笔者从事数字媒体设计教学的同时，密切关注数字社会领域的最新动态与发展，所设计开发的教学课件多次在国家各类课件大赛中获奖。本书根据笔者在数字媒体方面的社会实践经验和教学成果，精心挑选了以多种手段呈现的数字建模典型设计案例。这些案例根据不同模型的特点，合理运用数字建模手段，充分展现了如何完善设计理念，如何完整、深入、合理地表达设计思想，为完美呈现设计作品提供了一种有趣的数字建模思路和方法。案例展现了充满想象和独具特色的设计思维，读者可以从详细的设计步骤中学习到数字建模的实用方法和技巧，脱离枯燥的模式化教学，实现一个充满乐趣和挑战的应用学习过程。

著者

2021 年 11 月

目 录 CONTENTS

01 数字建模概述

02 二维数字建模设计案例

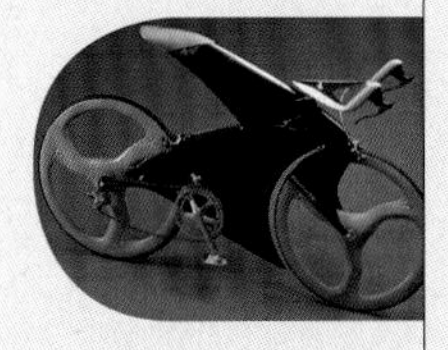

03 三维数字建模设计案例

01 数字建模概述

在当今社会数字化的大背景下，数字化的设计表现是时代潮流，而以数字化手段应用设计软件建立模型（即数字建模）作为其中的重点，是设计人员应该掌握的重要技能。

1.1 数字建模的种类及步骤

1.1.1 数字建模的种类

数字建模可以分为制造类数字建模和设计类数字建模两大类。制造类数字建模主要服务于生产方面，而设计类数字建模是设计人员主要面对的部分，是艺术设计专业学生学习的重点，也是本书将要详细阐述的内容。

1.1.2 设计类数字模型的主要建模步骤

（1）草图绘制阶段：数字建模首先要了解所要建立模型的实际背景，明确设计的目的和要求，搜集各种必要的信息，然后根据需求绘制出大量的模型草图。在集体学习中，可以通过讨论、座谈等形式，打破常规，积极思考，畅所欲言，充分发表看法，从而根据头脑风暴的结果确定模型草图。

（2）分析调整阶段：依据模型设计的目的及实际使用需求，对模型草图进行合理性分析及调整。根据模型所要解决问题的性质分析草图中变量间的依赖关系或稳定状况，对分析结果给出使用上的预测，对模型功能的实现采用最优决策或控制，进行综合分析以确定最终的模型设计方案。

（3）手段选择阶段：根据模型的使用需求和复杂程度，确定是以平面模型还是立体模型来展现，从而选择不同的数字建模手段，即确定使用二维还是三维表现技法，并选择适合的制作软件。

（4）数字建模阶段：根据前期工作的成果，将最终的模型设计方案通过适合的软件制作得以展现，也是将设计思想逐步可视化的过程。后续章节将以案例形式具体讲述模型制作的整个流程。

1.2 二维数字建模常用软件及特点

计算机二维图像设计制作通常分为矢量图和点阵图两大类，都可以用来表达产品效果图，特别是正交视图的效果。矢量图是由一些用数学方式描述的曲线组成，基本单元为锚点和路径，无论放大缩小，表达的细节不会发生变化。点阵图由像素组成，像素越多，图像所能表达的细节也就越多，更容易表达出细腻的光影效果。下面分别选取一套软件简要介绍这两类二维图像常用软件及它们的特点。

1.2.1 矢量图设计软件CorelDRAW

矢量图形制作工具软件CorelDRAW界面设计方便，操作精致细微，它为设计者提供了一整套的绘图工具，包括圆形、矩形、多边形、方格、螺旋线，并配合塑形工具，可对各种基本形做出更多的变化，如圆角矩形、弧形、扇形、星形等。同时也提供了特殊笔刷，如压力笔、书写笔、喷洒器等，以便充分利用计算机处理信息量大、随机控制能力强的特点。为了便于设计，该软件提供了一整套图形精确定位和变形控制方案，给商标、标志等需要准确尺寸的设计带来极大的便利。颜色是美术设计的视觉传达重点，该软件的实色填充提供了各种模式的调色方案以及专色的应用、渐变、位图、底纹填充等，颜色变化与操作方式更是别的软件都不能及的。该软件的文字处理与图像的输出、输入构成了排版功能，文字处理是迄今所有软件中最为优秀的，其支持了大部分图像格式的输入与输出，几乎与其他所有软件都可以畅行无阻地交换共享文件。所以大部分用PC机进行美术设计的人都直接在CorelDRAW中排版，然后分色输出。该软件让使用者轻松应对创意图形设计项目，市场领先的文件兼容性以及高质量的内容可帮助使用者将创意变为专业作品，从与众不同的徽标和标志到引人注目的营销材料以及令人赏心悦目的Web图形，应有尽有。CorelDRAW建模效果如图1-1所示。

1.2.2 点阵图设计软件Photoshop

图像处理软件Photoshop主要处理以像素所构成的点阵图，使用其众多的编修与绘图工具，可以有效地进行图片编辑工作，可以完成图像编辑、图像合成、校色调色及特效制作等。图像编辑是图像处理的基础，可以对图像做各

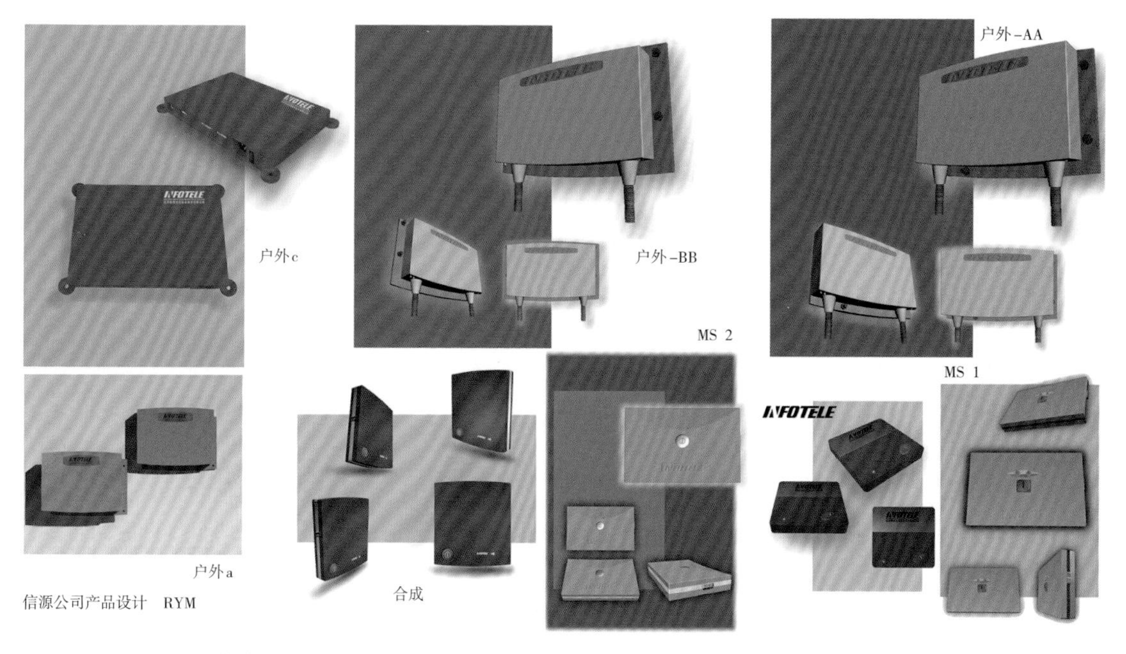

图1-1　CorelDRAW制作的设计图

图1-2　Photoshop制作的手机模型

种变换，如放大、缩小、旋转、倾斜、镜像、透视等；也可进行复制、去除斑点、修补、修饰图像的残损等。图像合成则是将几幅图像通过图层操作、工具应用，合成完整地传达明确意义的图像，这是美术设计的必经之路，该软件提供的绘图工具让外来图像与创意很好地融合。校色调色可方便快捷地对图像的颜色进行明暗、色偏的调整和校正，也可在不同颜色间进行切换以满足图像在不同领域，如网页设计、印刷、多媒体等方面的应用。特效制作在该软件中主要由滤镜、通道及工具综合应用完成。包括图像的特效创意和特效字的制作，如油画、浮雕、石膏画、素描等，常用的传统美术技巧都可藉由该软件特效完成。Photoshop建模效果如图1-2所示。

1.3 三维数字建模常用软件及特点

三维模型是指物体的多边形表示，通常采用计算机或者其他视频设备进行显示，显示的物体既可以是现实世界的实体，也可以是虚构的数字物体，广泛应用于医疗、电影、视频游戏、科技模型、建筑业、工程界等各种不同的领域。三维模型可以根据简单的线框在不同细节层次渲染，或者用不同方法进行明暗描绘，可以使用纹理映射让模型更加细致，还可以调整曲面法线以实现模型的照亮效果。一些曲面的凹凸纹理映射以及立体渲染技巧，可以让模型看起来更加真实。下面简要介绍数字建模三维表现常用软件及特点。

1.3.1 三维动画制作和渲染软件3D Studio Max

3D Studio Max是基于PC系统的三维动画制作和渲染软件，广泛应用于广告、影视、工业设计、建筑设计、三维动画、多媒体制作、游戏、工程可视化等领域，如图1–3所示。它对系统配置要求低，安装插件（Plugins）可提供其所没有的功能（如毛发功能）以及增强原本的功能，具有强大的角色（Character）动画制作能力。可堆叠的建模步骤使制作模型有非常大的弹性，

图1–3　3D Studio Max建模效果图

制作流程十分简洁高效，可以用它来制作设计效果图。

1.3.2 三维建模软件Rhino

Rhino是一款体积小、配置需求低，却功能强大的三维建模软件，中文名称为犀牛，它可以广泛地应用于三维动画制作、工业制造、科学研究以及机械设计等领域。Rhino可以创建、编辑、分析和转换NURBS曲线、曲面、实体，并且在复杂度、角度、尺寸方面没有任何限制，用它建模感觉非常流畅，可以把它导出的高精度模型给其他三维软件使用，常用于产品的前期设计阶段。Rhino建模效果如图1–4所示。

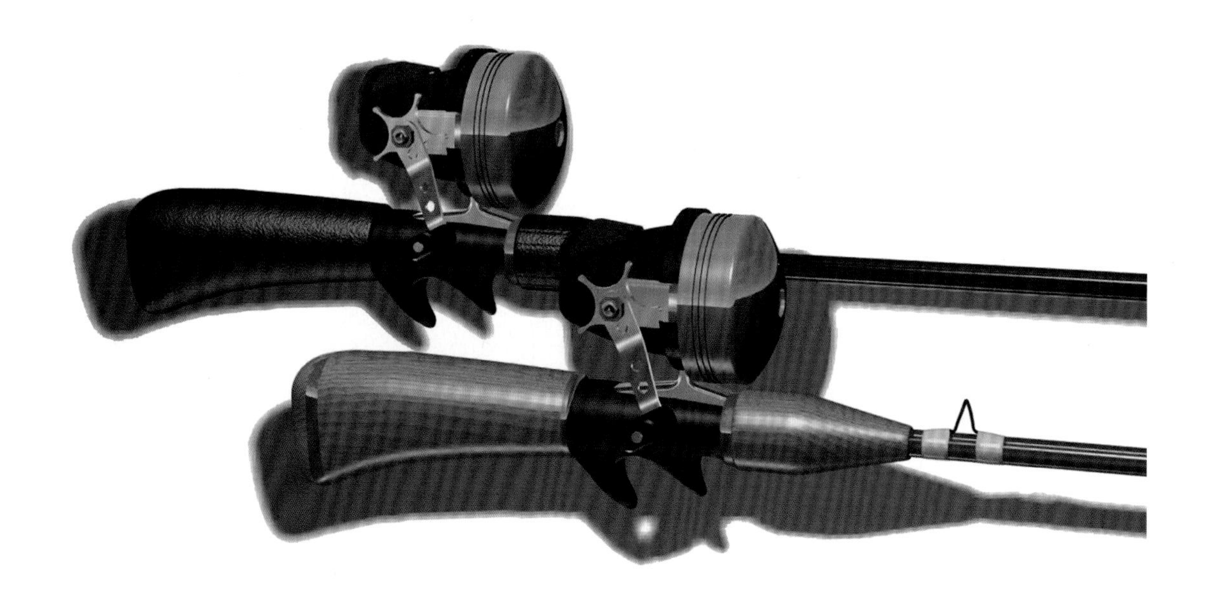

图1-4 Rhino建模效果图

1.3.3 自动计算机辅助设计软件AutoCAD

AutoCAD是一款自动计算机辅助设计软件，可以用于二维制图和基本三维设计，具有良好的用户界面，通过交互菜单或命令行方式便可以进行各种操作，无须懂得编程，即可自动制图，可以用于土木建筑、装饰装潢、电子工业、服装加工等多个领域。它具有完善的图形绘制功能，强大的图形编辑功能，可以采用多种方式进行二次开发或用户定制，可创建3D实体及表面模型，能对实体本身进行编辑。AutoCAD可以进行多种图形格式的转换，具有较强的数据交换能力，支持多种硬件设备、多种操作平台，具有通用性、易用性，适用于各类用户。AutoCAD建模效果如图1-5所示。

图1-5 AutoCAD建模效果图

1.4 数字建模效果图的渲染与常用渲染软件

1.4.1 数字建模效果图渲染

我们在观察产品时，往往利用经验对它进行判断，包括造型的完整性、环境的烘托程度，还有贴图和材质的真实性等。时间会给产品加上烙印，风化、刮痕、污渍的使用，不但不会使你的产品难看，反而会使它看起来更像真的，这就需要对数字建模效果图进行渲染。

渲染就是在模型搭建起骨架后，通过为骨架进行肌理、外貌等内容的添加，让它更贴近我们对三维立体事物的认知，利用光影、色彩等视觉效果，让三维模型能够在二维平面空间中凸显出立体感。三维模型创建完成后，对它进行材质贴图、灯光布置等处理，利用软件将各种效果与模型融合在一起，让它呈现出实物般的、照片质量的图像效果。

数字建模效果图渲染离不开灯光。现实世界里的灯光是一个样子，数字世界里的灯光又是另一回事。可能在一个虚拟的场景里，我们花费了很大的力气来实现需要的效果，但面临无穷无尽的选择时，在没有任何限制时，灯光创建的自由性，往往使我们不知道尽头在哪里。让我们回到现实世界里来，光线在物体表面经过无数次的碰撞、反弹，加上大气的衰减和弥漫效果，让我们看到一个色彩缤纷的物理世界，我们要了解自然界的各种光线，理解看到的光影现象。根据需要选用不同种类的灯光，决定灯光是否投影以及阴影的浓度、灯光的亮度与对比度。灯光要体现场景的明暗分布，要有层次性，切不可把所有灯光一概处理。在彩色灯光下，一块普通的石头可以被赋予不同的感情色彩，在表现产品时要充分考虑感情因素，使产品被赋予生命力，可以考虑使用灯光阵列布局和物理灯光结合HDR贴图来达到不同的感情色彩表达。如果要达到更真实的效果，一定要在灯光衰减方面下一番功夫。可以利用暂时关闭某些灯光的方法排除干扰，对其他的灯光进行更好的设置。天光渲染可以模拟出自然光线，用法简单，效果也比较好，但用物理灯光和普通灯光也可以模拟自然光线，它更灵活，使用也更为普遍。灯光的巧妙利用可以使你的作品表现不仅停留在简单的模拟水平上。

1.4.2 渲染软件VRay及其特点

VRay渲染器是一款高质量渲染软件，最大特点是较好地平衡了渲染品质与计算速度。反射照明是现代室内装饰中不可或缺的重要组成部分，灯具或光源不是直接把光线投向被照射物，而是通过墙壁、镜面或地板的反射达到照明效果。VRay渲染器提供了一种特殊的材质—VrayMtl，在场景中使用该材质能够获得更加准确的物理照明（光能分布），反射和折射参数调节更方便，能够更快地渲染。使用VrayMtl，你可以应用不同的纹理贴图，控制其反射和折射，增加凹凸贴图和置换贴图，强制直接全局照明计算，选择用于材质的BRDF（双向反射分布函数）。我们可以看到光线在物体上的反弹，可以方便理解间接照明的过程，如色彩在多个物体之间的相互作用，并逐渐减弱的效果。VRay渲染效果如图1-6所示。

1.4.3 渲染软件FinalRender及其特点

FinalRender渲染器的设置非常高效且人性化，具有光能传递、光斑效果、体积效果、次表面散射功能和用于卡通渲染仿真的功能，可以说是一款全能的渲染器。它的HDR贴图让人惊艳，

图1-6 VRay渲染效果图

其超级金属贴图非常逼真，更适合表现高亮金属。FinalRender的全局光照明是它的一个亮点，渲染更加快速和干净，可以调节很多不同的细节，在模型表现方面非常优秀。FinalRender渲染效果如图1-7所示。

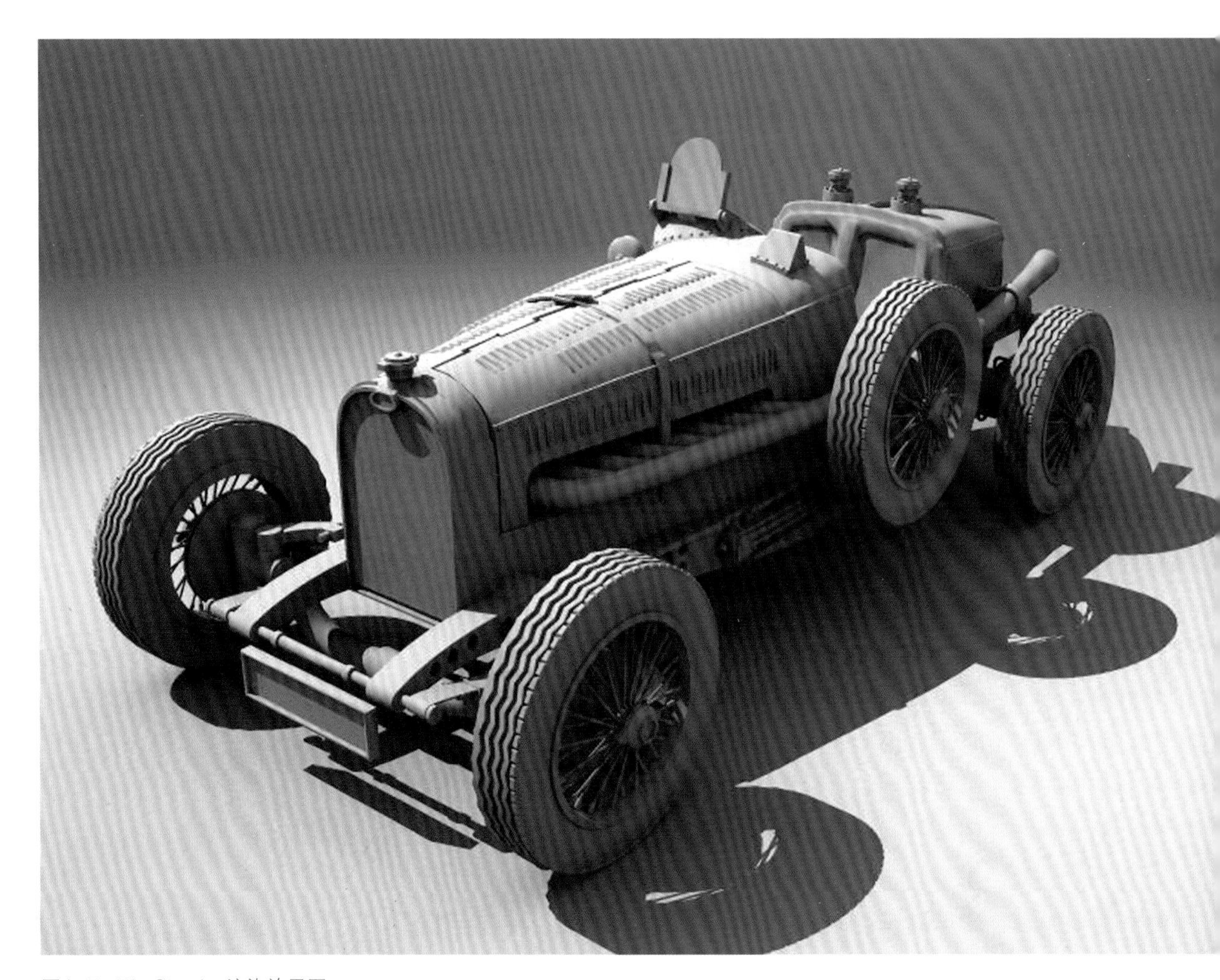

图1-7 FinalRender渲染效果图

02 二维数字建模设计案例

本部分内容介绍使用点阵图图像处理软件Photoshop完成数字建模的两个案例，详细讲述了在了解Photoshop的基本功能和使用方法的基础上，如何选用不同工具，采用何种技巧达到预期模型的设计效果，完成二维数字建模。

2.1 使用Photoshop软件制作麦克风模型

使用Photoshop制作麦克风模型，建模效果如图2-1所示。

2.1.1 绘制麦克风模型的基础参数设置

（1）在Photoshop中新建文件，名称为“麦克风”，宽1600像素，高1200像素，背景为白色，如图2-2所示。

（2）按Ctrl+R键打开标尺绘制辅助线，确定麦克风各部分的比例及位置，如图2-3所示。

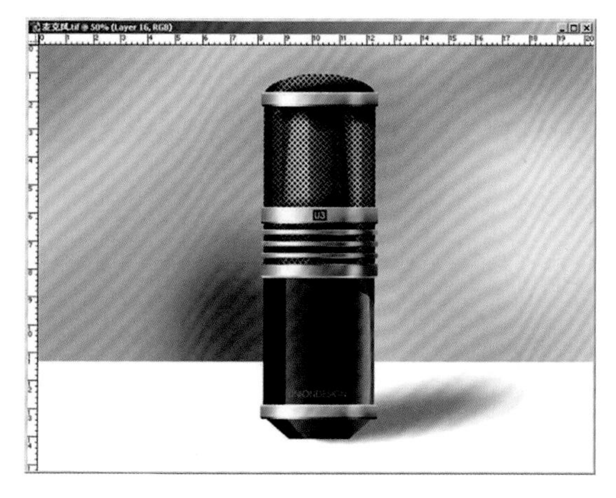

图2-1 麦克风建模效果图

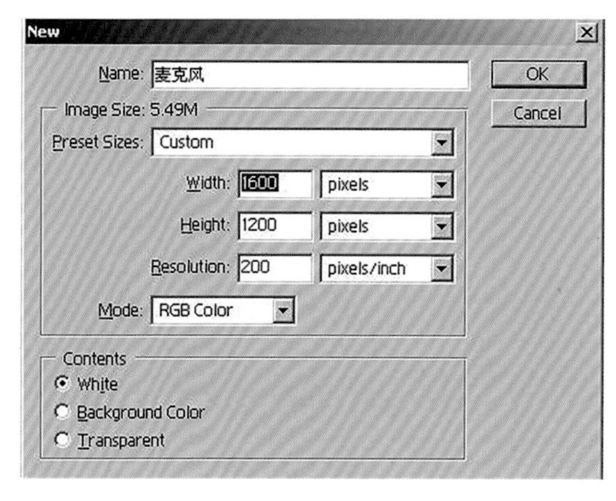

图2-2 新建麦克风文件参数设置

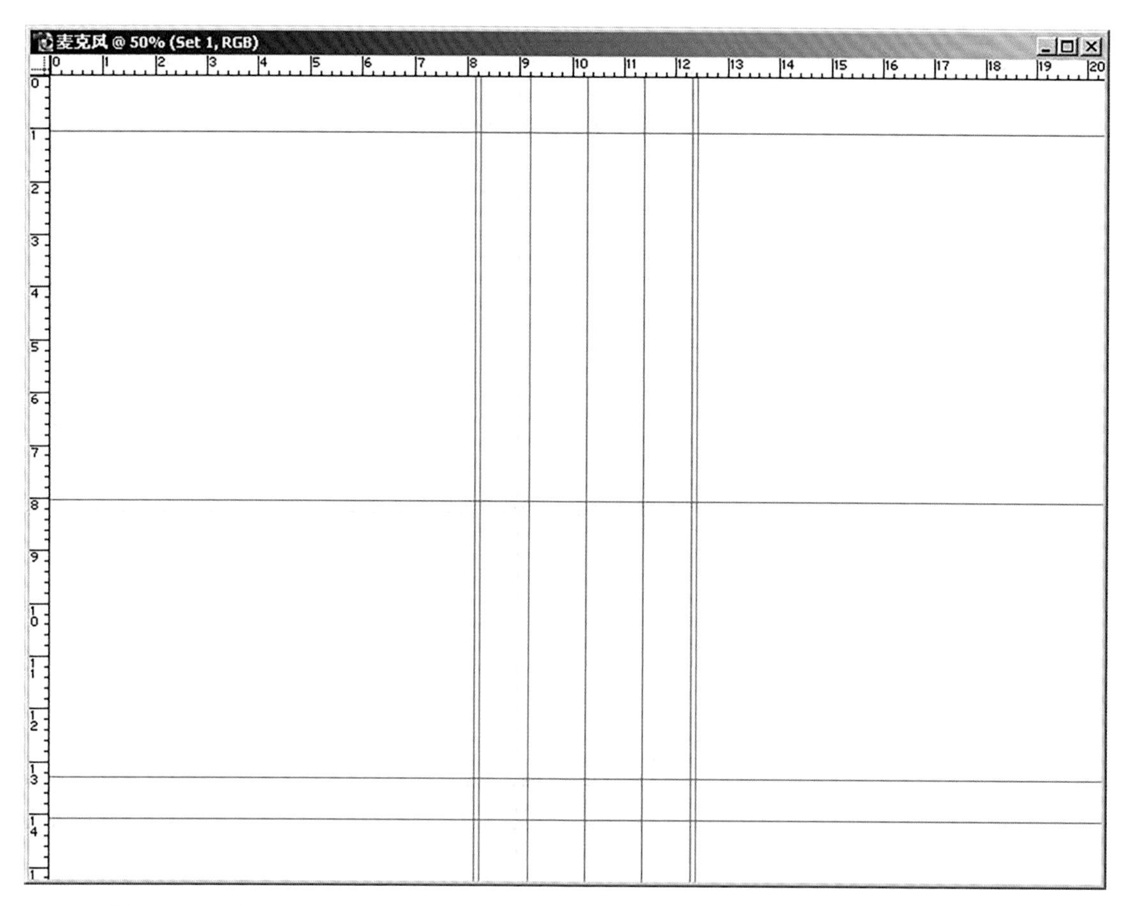

图2-3 绘制麦克风辅助线

2.1.2 麦克风模型的绘制技法

（1）新建图层“Layer 1”，将前景色设为黑色，在新图层上选用矩形工具，如图2-4所示，绘制一个矩形作为麦克风的手柄，如图2-5所示。

图2-4 矩形工具选择

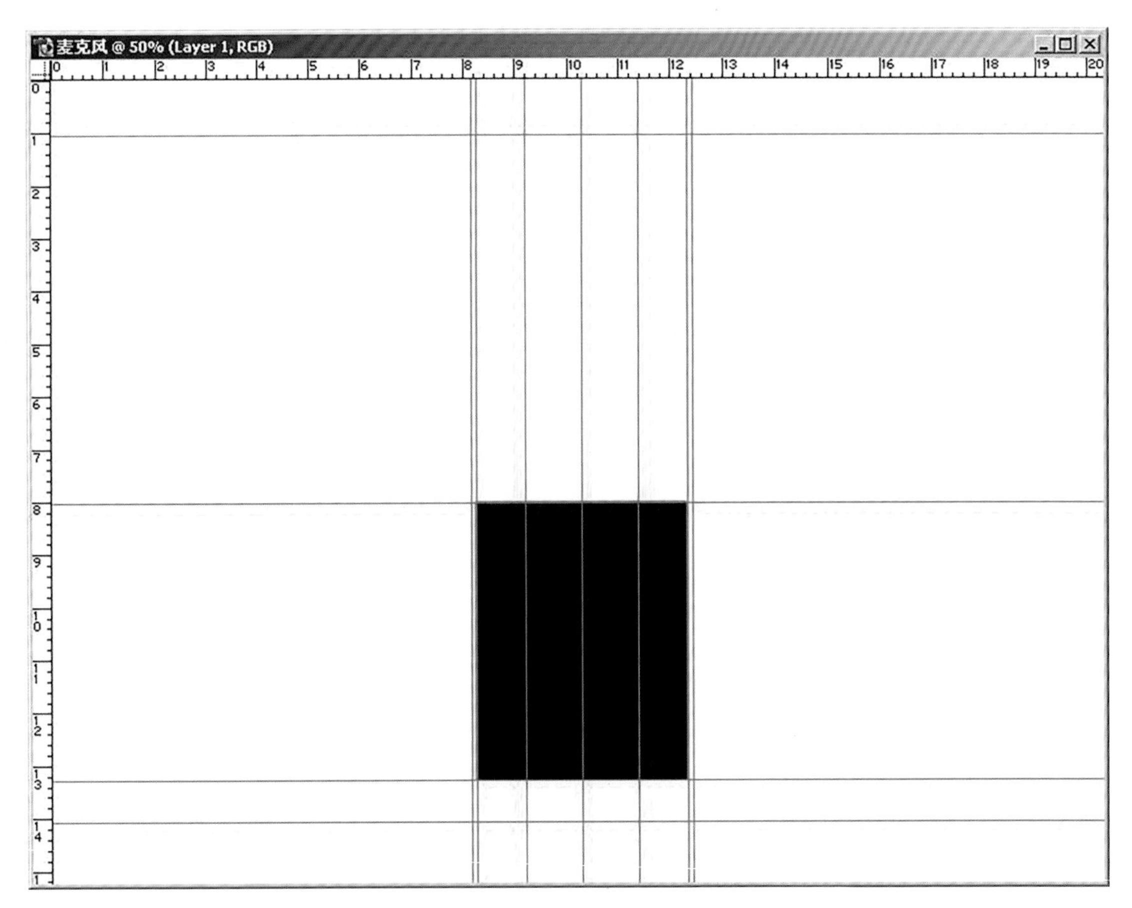

图2-5 绘制麦克风的手柄

（2）打开“Layer 1”的透明区域锁定，点击毛笔工具，画出手柄的明暗关系。按住Shift键不放可画出正交的线条，画完一笔后按住Shift键再画第二笔，可画出从第一笔结束处到第二笔开始处的直线；在中间靠左边的位置画出高光，左右的边缘也应画成浅色，这样就有圆柱体的感觉了，也可点击渐变工具绘制光影变化，效果如图2-6所示。

（3）新建图层“Layer 2”并将之作为当前层，选用钢笔工具，如图2-7所示；勾勒出一个轮廓，不要覆盖手柄最左边的区域，如图2-8所示。在Path面板下点击，将当前路径变成选区，点击毛笔工具，绘制手柄左边的反光，如图2-9所示。按住Alt键点击Layer面板中“Layer 1”和“Layer 2”之间的线，使“Layer 1”作为“Layer 2”的遮板，这样“Layer 2”中超出“Layer 1”的部分就不会显示出来。

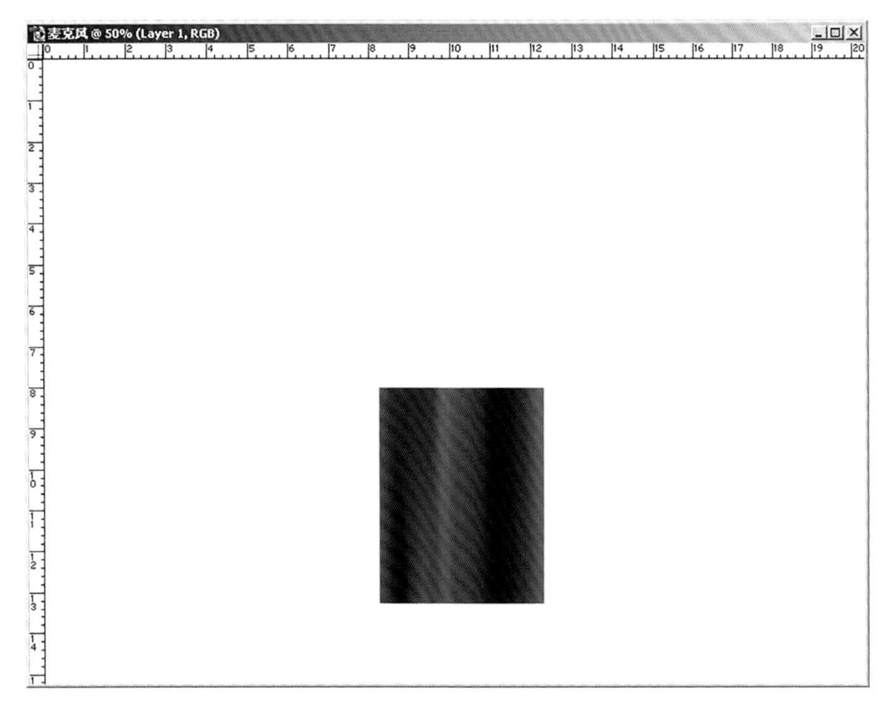

图2-6　麦克风手柄的光影变化效果

图2-7　钢笔工具选择

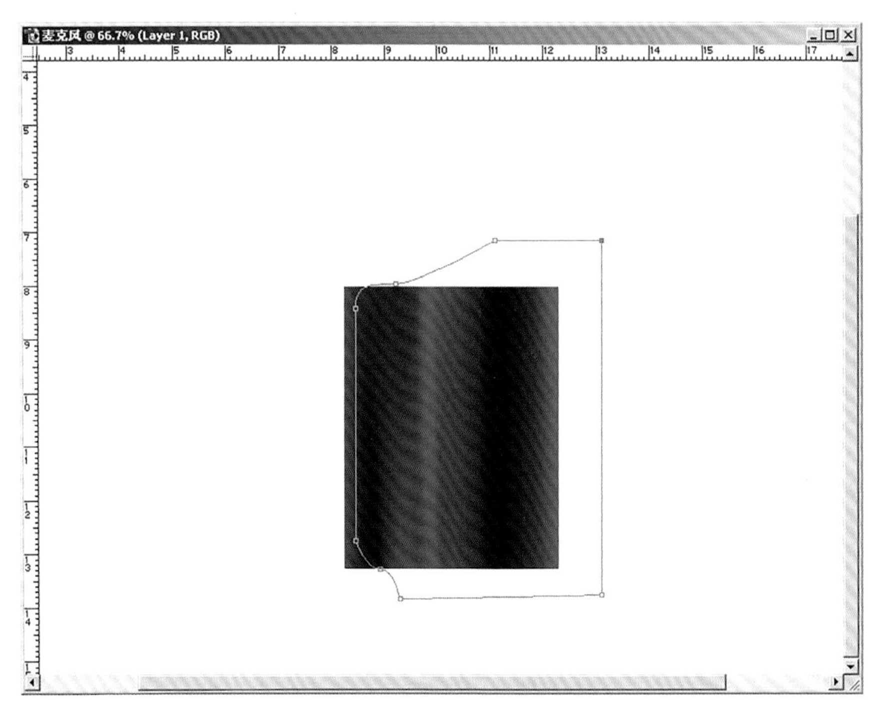

图2-8　绘制手柄光影

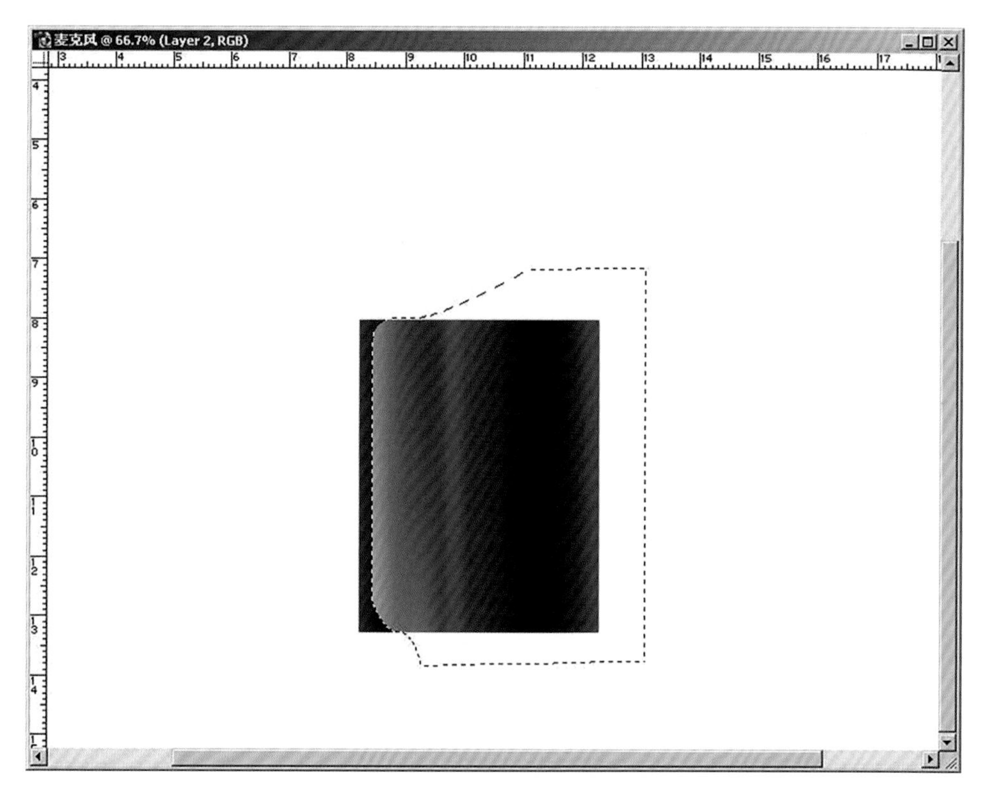

图2-9 手柄左侧反光效果

（4）用同样方法绘制右边的反光，并仔细调整整体光影效果；参照辅助线，点击多边形套索工具选出底部梯形区域，画出类似的质感，如图2-10所示。

（5）新建宽高均为40像素的图片，绘制一组横竖方向等分的辅助线，如图2-11所示。点击直线工具将线宽设为1像素，绘制如图2-12所示。点击颜料桶工具填充黑色，如图2-13所示。

（6）合并图层，按Ctrl+A键全选，执行Edit/Define Pattern定义图案，按"OK"确定，如图2-14所示。关闭这个图层，回到绘制麦克风的图层上。

（7）新建图层"金属网"并以该图层作为当前图层，如图2-15所示。执行Edit/Fill以刚才定义的图案填充图面；执行Edit/Free Transform旋转图面（按住Shift键可以锁定角度）成45°并调整网眼的大小直至合适，双击鼠标左键确认，保证有网格的部分完全覆盖麦克风上半部，如图2-16所示。使用路径参照辅助线勾勒出金属网轮廓范围，在Path面板下点击工具，把当前路径变成选区，执行Select/Inverse反选，完成后再按Del键删除多余部分，如图2-17所示。

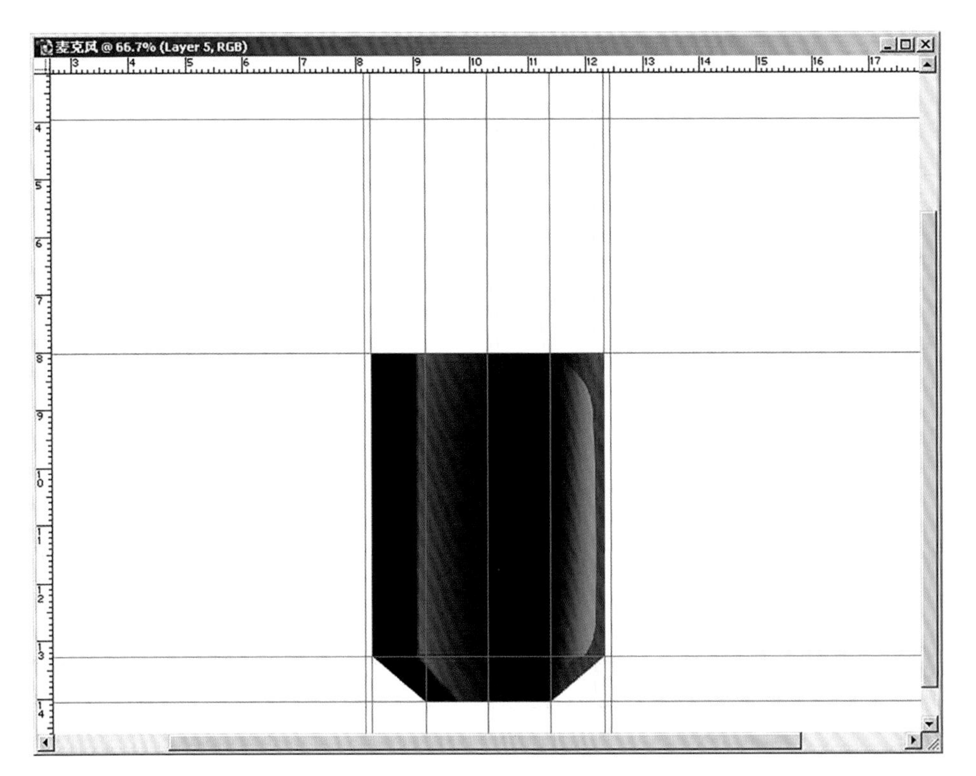

图2-10　手柄右侧及底部反光效果

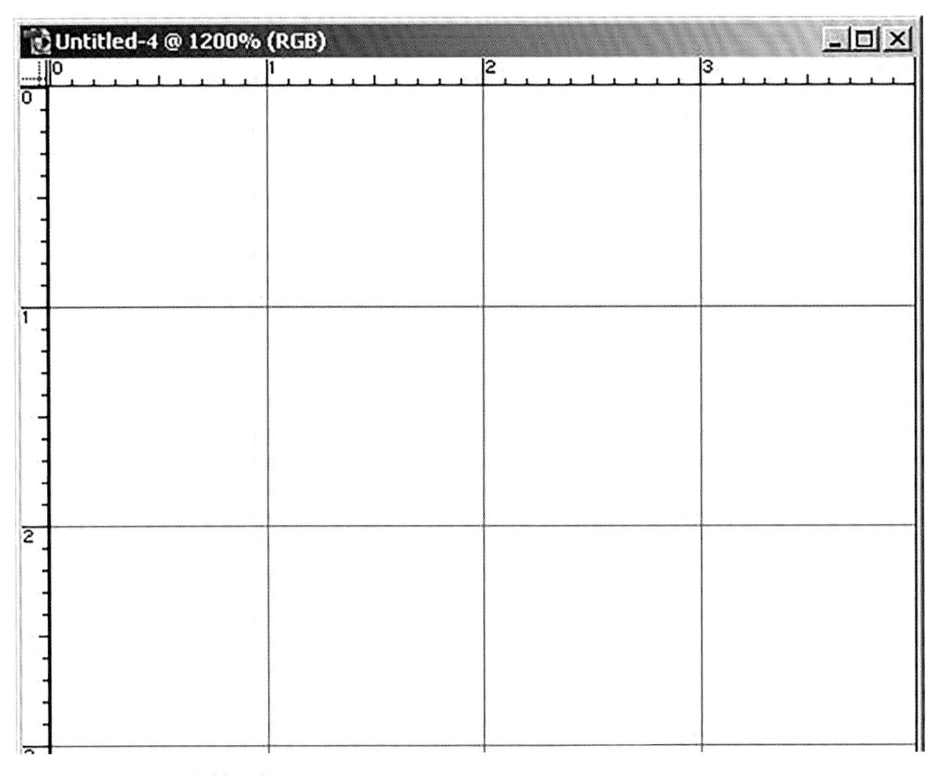

图2-11　麦克风上部辅助线

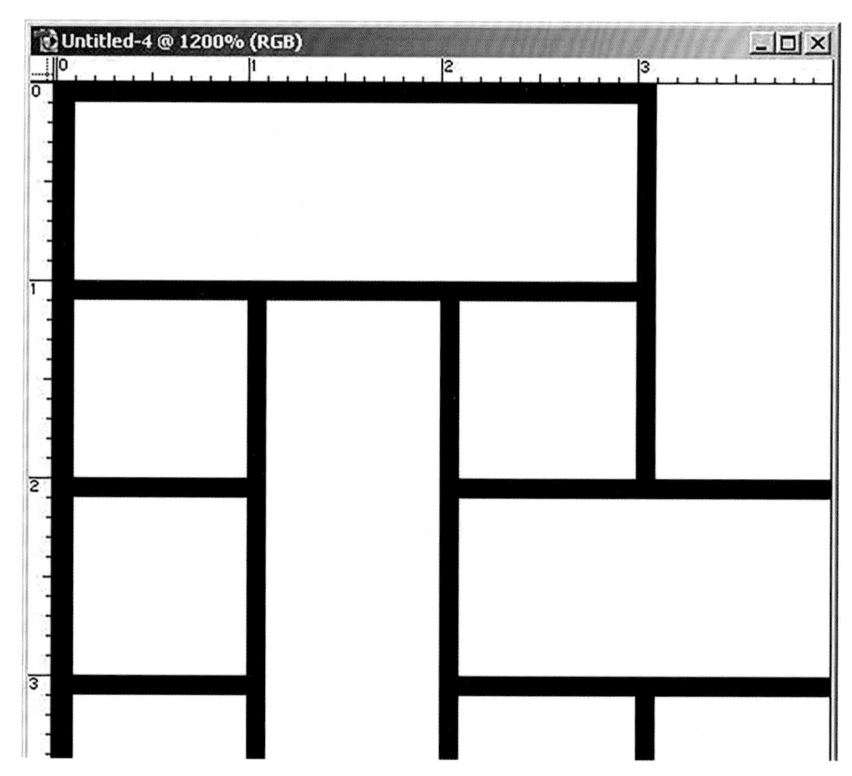

图2-12 麦克风上部绘制网格

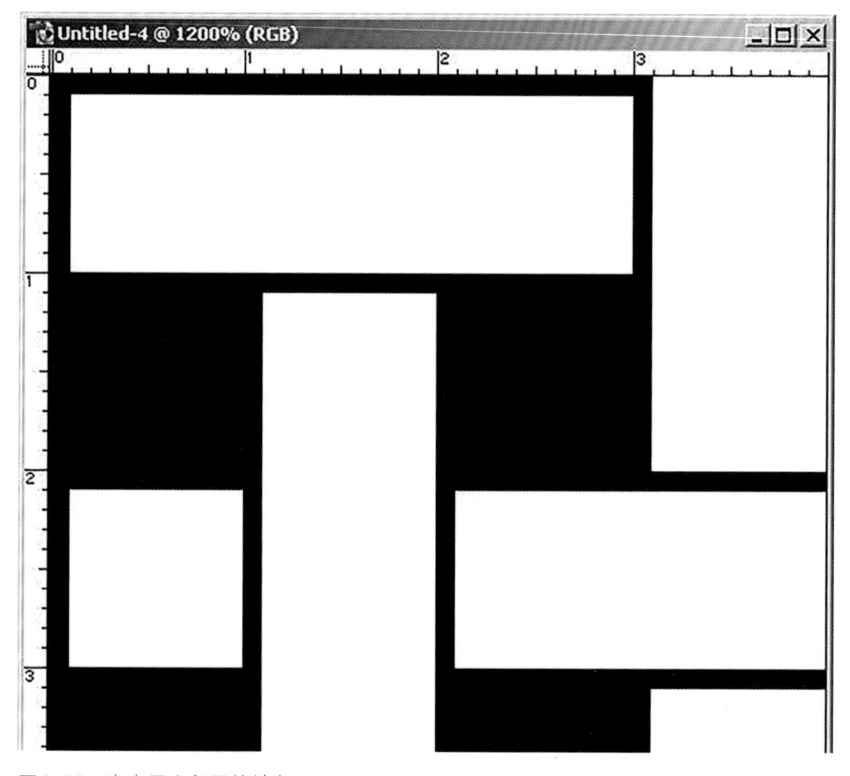

图2-13 麦克风上部网格填色

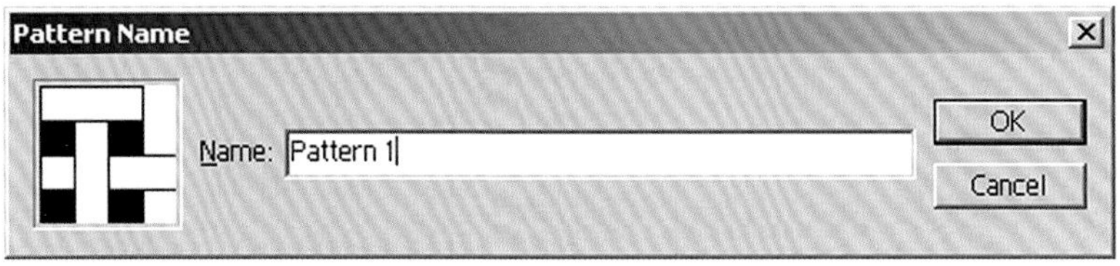

Pattern Name

Name: Pattern 1

OK

Cancel

图2-14　麦克风定义图案

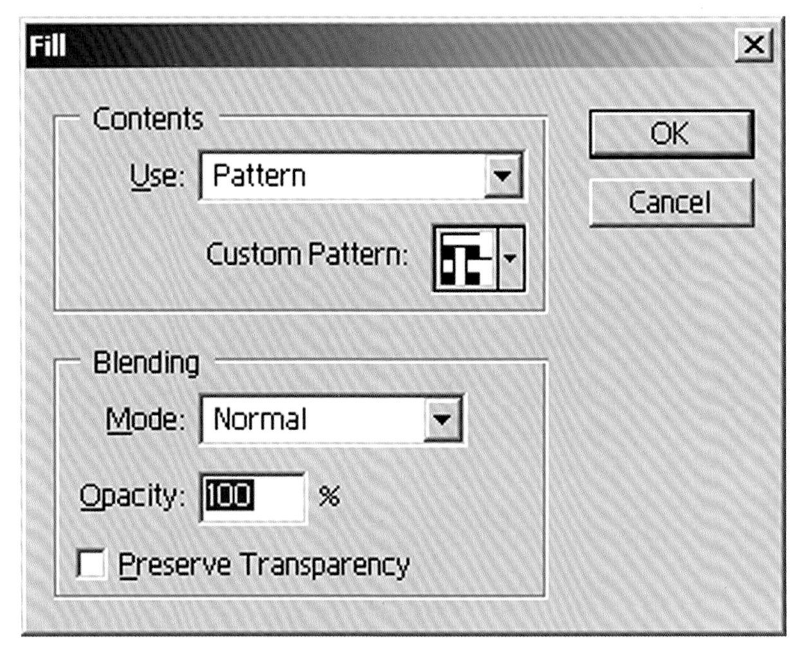

图2-15　建立麦克风金属网图层

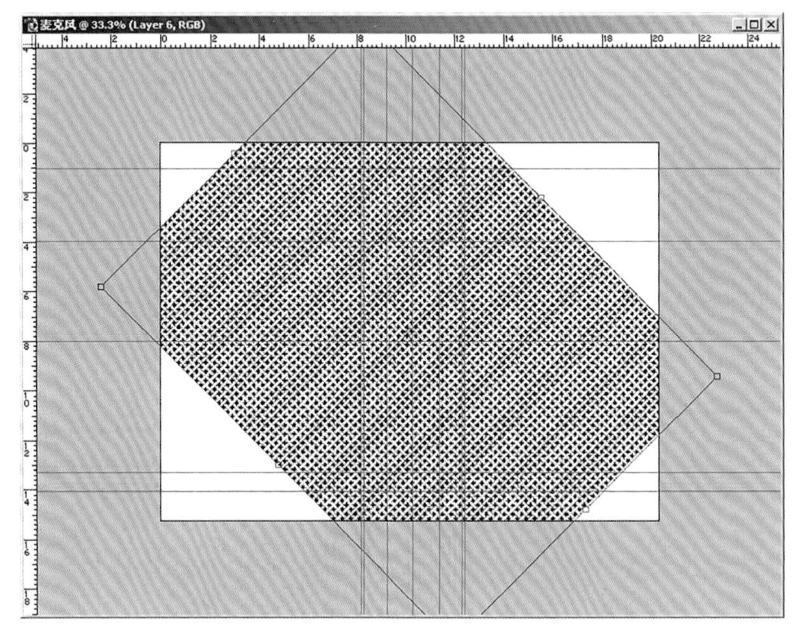

图2-16　麦克风金属网绘制

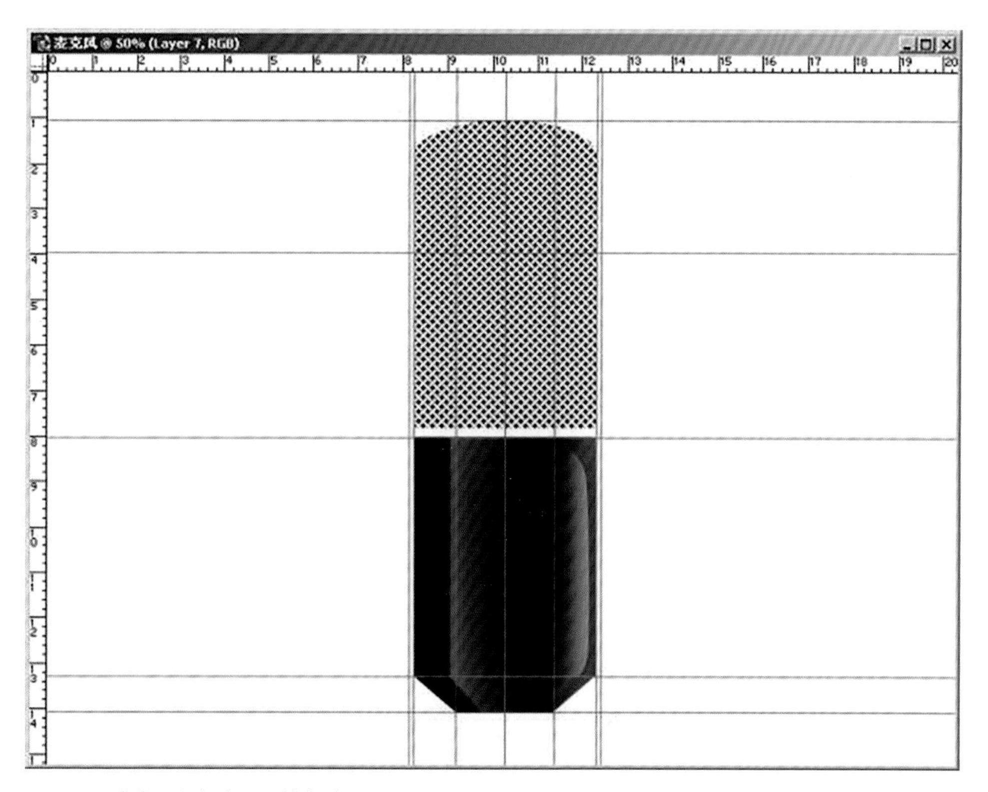

图2-17 麦克风上部金属网基本型

（8）再执行一次Select/Lnverse命令，执行反选选区命令，使选区恢复起始状态，新建图层“金属网光影”并使该图层作为当前图层，点击毛笔工具绘制金属网的光影，如图2-18所示。

（9）参考辅助线，点击矩形工具选取一个金属环范围；新建图层“金属环”并使该图层作为当前图层，点击毛笔工具绘制光影效果，如图2-19所示。

（10）在Layer面板中将图层“金属环”拽到新建上复制该图层，执行Edit/Free Transform将它变成梯形窄条，移至金属环上端；打开该图层的透明区域锁定，点击毛笔工具修改光影，可以用Image/Adjustments中的命令调整一下对比度、色阶和色彩曲线；用同样的方法绘制下面的切角，合并以上复制的两个图层至“金属环”图层，如图2-20所示。

（11）复制“金属环”图层，放置金属环到不同位置并用Edit/Free Transform调整大小，如图2-21所示。

（12）最后调整一下光影，如金属环在主体上的投影，麦克风在背景上的投影，写上商标及文字，放上背景，如图2-22所示。

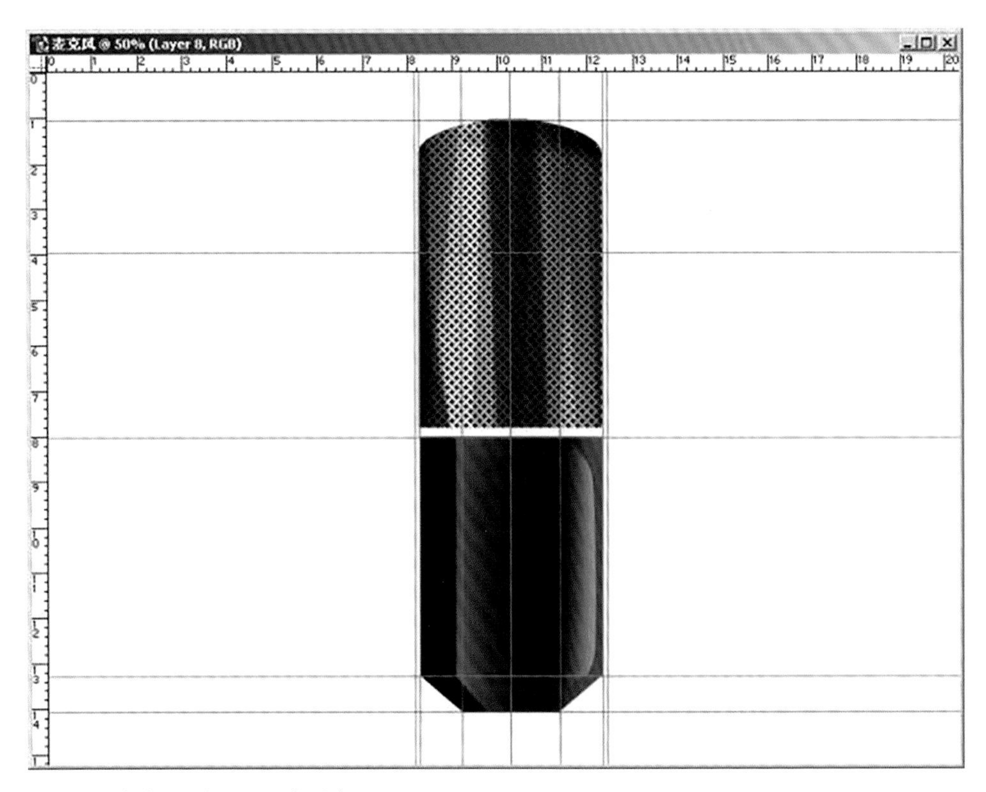

图2-18　麦克风上部金属网光影效果图

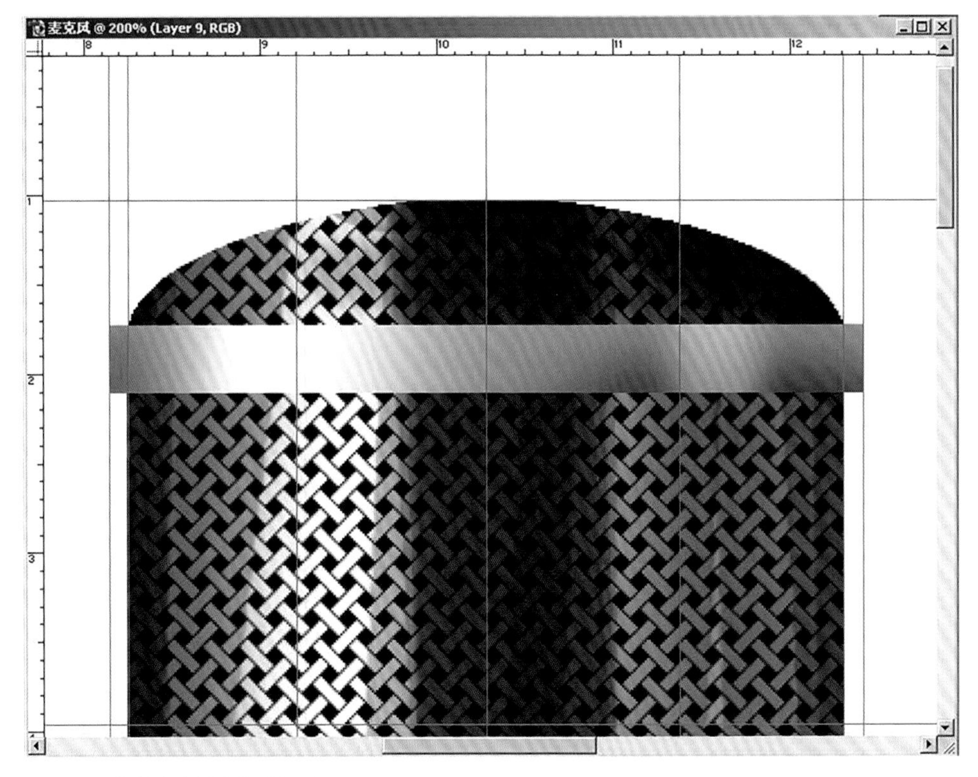

图2-19　绘制麦克风上部金属环

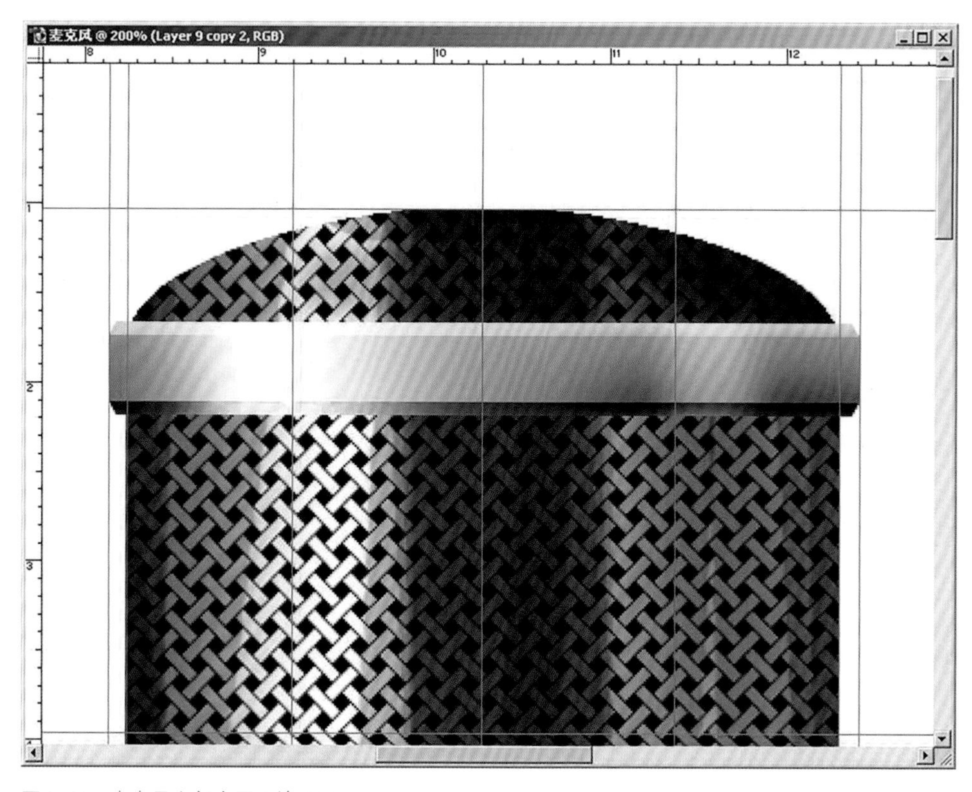

图2-20　麦克风上部金属环效果图

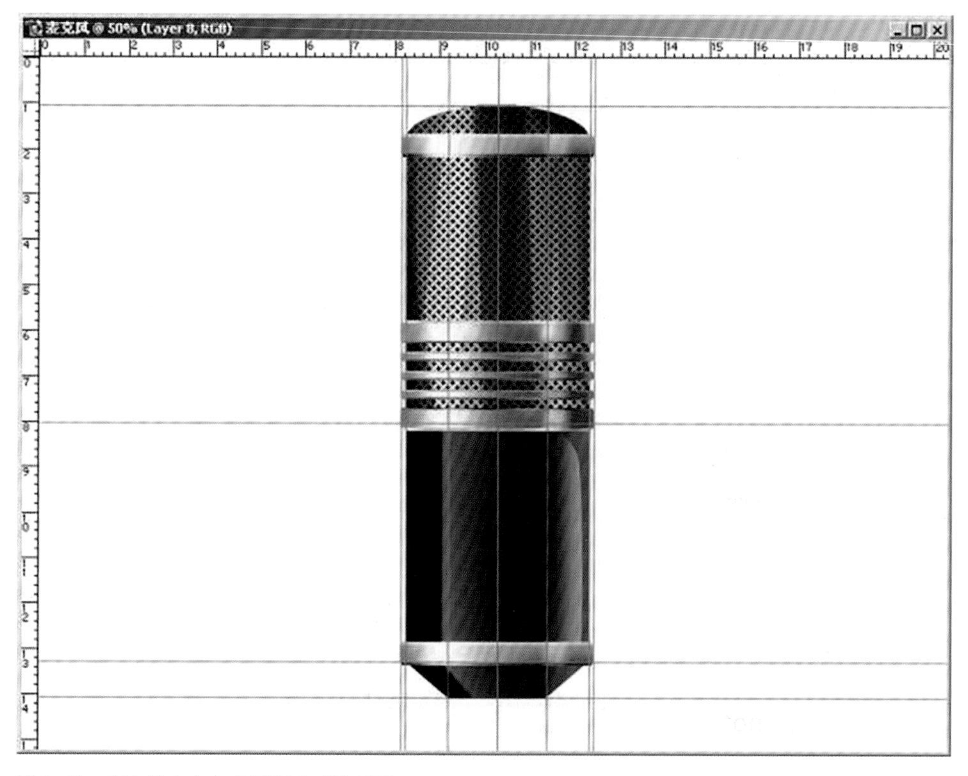

图2-21　麦克风上多个金属环完成效果图

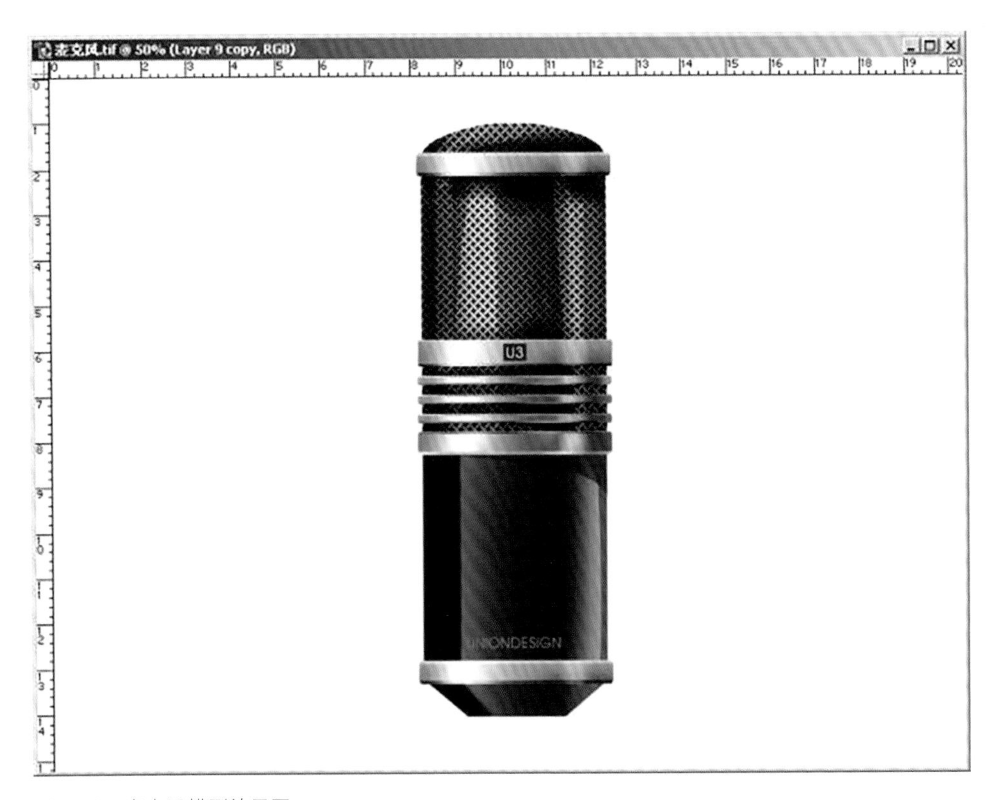

图2-22 麦克风模型效果图

2.2 使用Photoshop制作摩托罗拉V70手机模型

下面将继续使用点阵图设计软件Photoshop，可以使我们看到Photoshop软件的另外一些强大功能，同时也使用一些更完备的命令和手段以达到更理想的效果，完成摩托罗拉V70手机模型的制作，如图2–23所示。

2.2.1 利用Photoshop的曲线编辑功能绘制手机轮廓

（1）打开Photoshop，新建一个名为“摩托罗拉V70手机”的文件。从屏幕左侧标尺和顶端

图2–23 使用Photoshop制作的摩托罗拉V70手机模型

标尺处各拉出一条辅助线作为手机的中心线，打开辅助线捕捉（View/Snap to Guidelines）绘制矩形作为手机上下盖外轮廓，用形状工具（Shape Tool）给矩形倒圆角，如图2–24所示。按住Ctrl键，用椭圆工具（Ellipse Tool）绘制圆形，如图2–25所示。

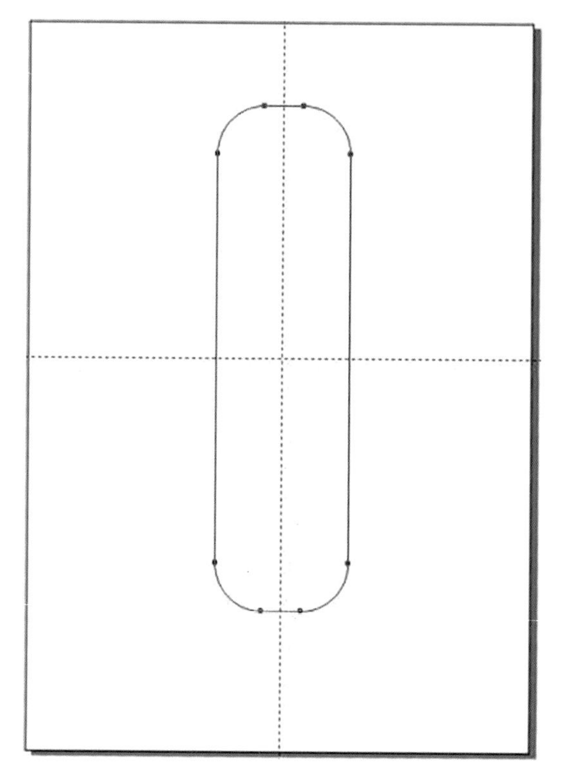

图2–24　绘制摩托罗拉V70手机上下盖轮廓

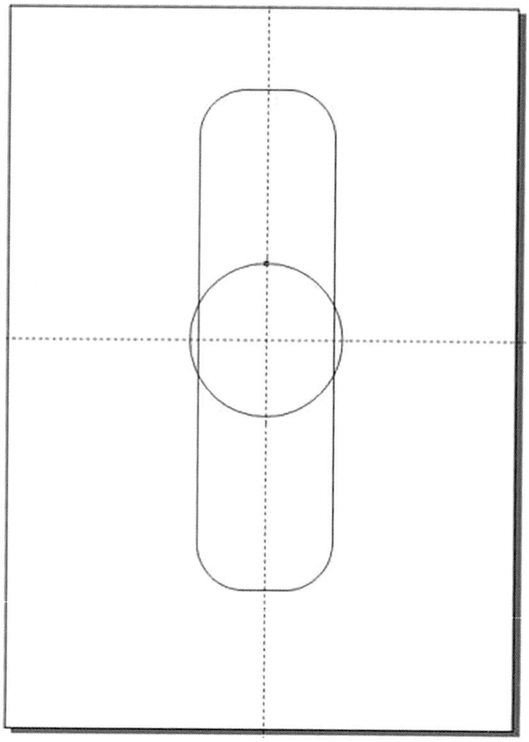

图2–25　绘制摩托罗拉V70手机中心轮廓

（2）选择矩形工具，在上面的属性面板中点击转换成曲线工具（Convert to Curves）或者直接按Ctrl+Q，将矩形转换成普通曲线，如图2–26所示。点击形状工具（Shape Tool），按Ctrl+A全选曲线上的点，点击直线转换成曲线工具（Convert Line to Curve）将所有点的类型都改为曲线；点击形状工具（Shape Tool）在曲线上双击加点，再使用该工具调整两侧中间点的位置，使它们靠近圆的边缘，如图2–27所示。

（3）打开调色面板（Window/Dockers/Color），调出手机上下盖颜色，点击交互填充工具（Interactive Fill Tool）从左上到右下填充矩形，如图2–28所示。将调色面板调出的颜色拖动到交互填充工具拉出的箭头虚线上，同时调整填充端点的位置，如图2–29所示。

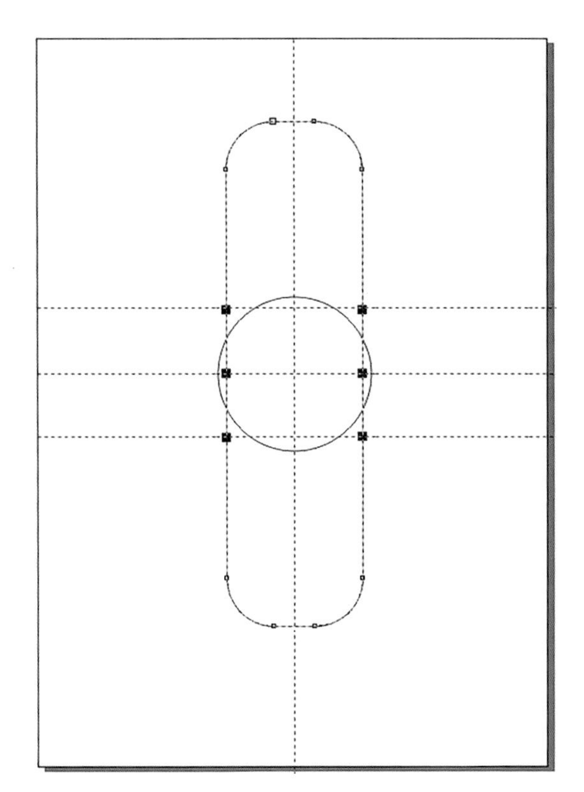

图2-26　摩托罗拉V70手机矩形工具转换曲线

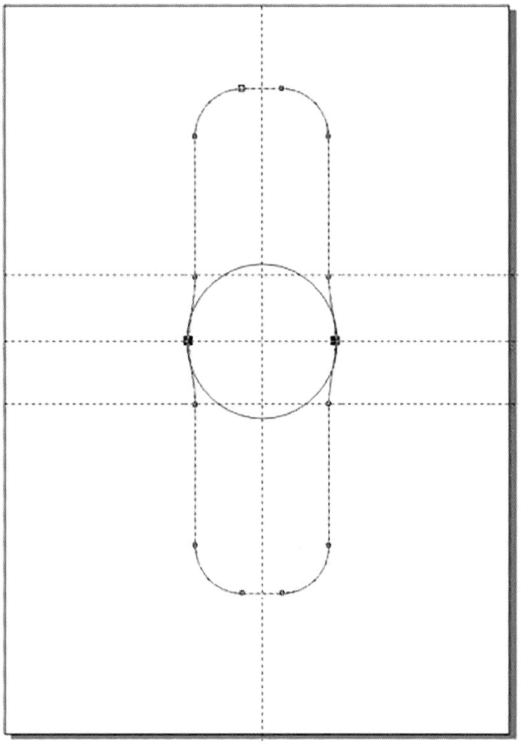

图2-27　摩托罗拉V70手机轮廓曲线化

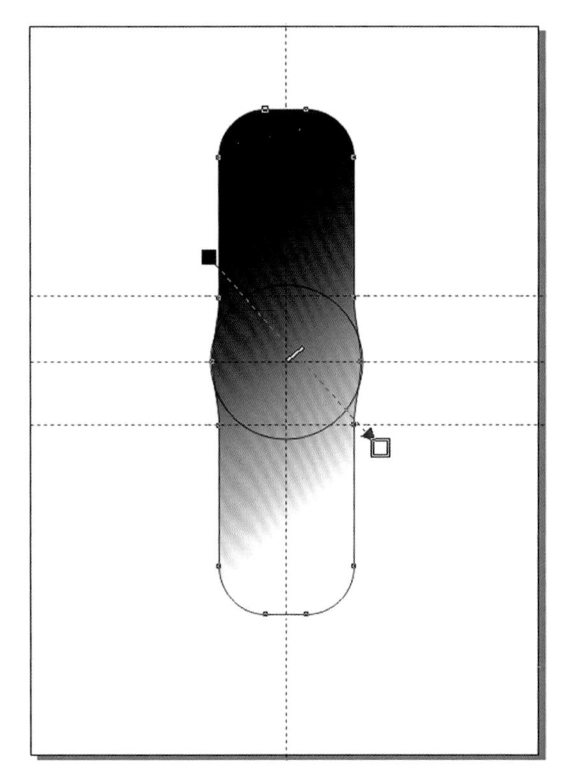

图2-28　摩托罗拉V70手机上下盖填色

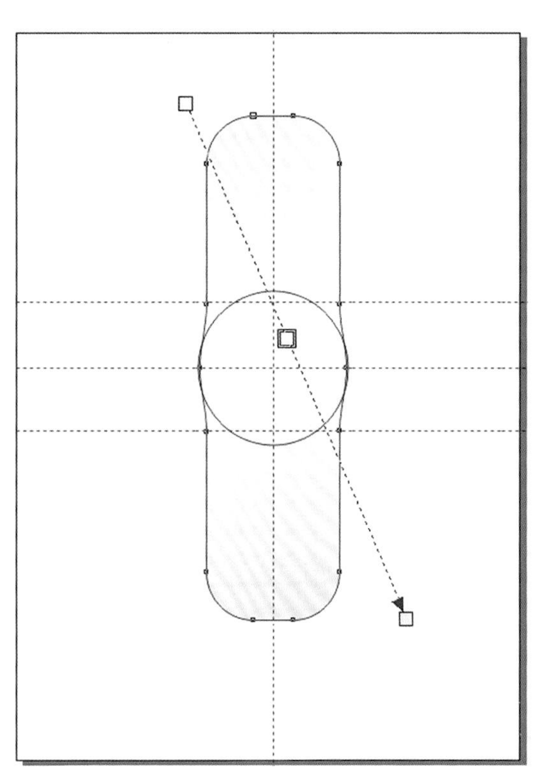

图2-29　摩托罗拉V70手机填色调整

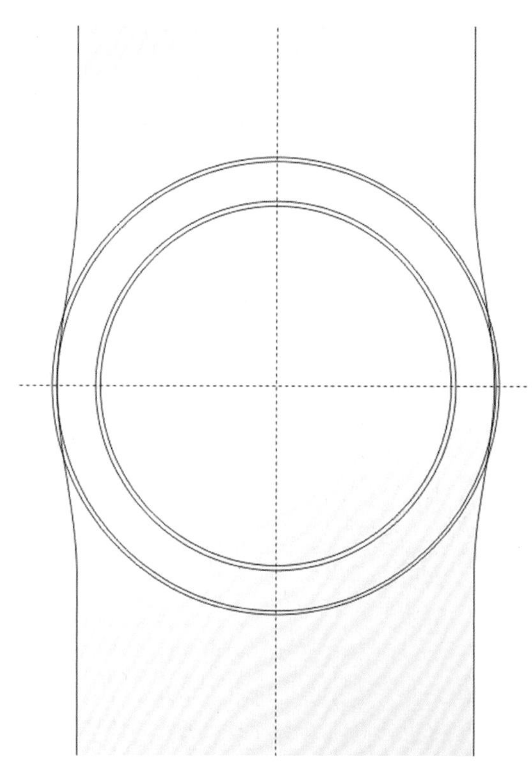

图2–30 绘制摩托罗拉V70手机屏幕外圈

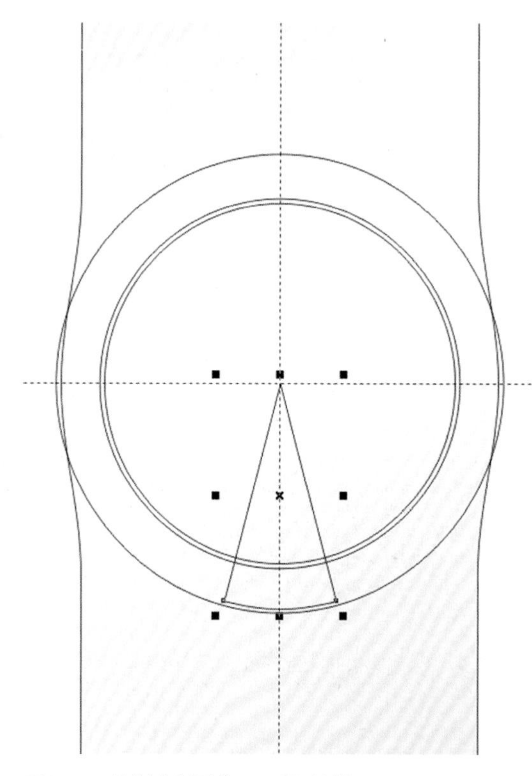

图2–31 绘制摩托罗拉V70手机按键

（4）接下来画镀铬的屏幕外圈。原地复制三个画好的圆形（Ctrl+C复制，然后Ctrl+V粘贴），按住Shift键使之以圆心为中心缩放，形成四个同心圆，内外两个圆是镀铬外圈的轮廓，中间两个圆用于制作按键，如图2–30所示。

（5）选中其中第二大的圆，在上面属性面板中将其改为扇形，如图2–31所示。打开裁切工具面板（Window/Dockers/Shaping），将扇形多余的部分裁去。再选中第三大的圆，点Trim裁切，选扇形，源物体和目标物体均不用保留。左右各复制一个按键，如图2–32、图2–33所示。然后左右各复制一个按键，如图2–34所示。

2.2.2 利用 Photoshop的填色功能为手机上色

（1）将外圈的填充色设为黑色，按键的填充色设为白色，内圈的填充色设为灰度渐变，如图2–35所示。点击贝塞尔曲线工具（Bézier Tool）画线，点击形状工具（Shape Tool）调整，画一组色块作为反光，如图2–36所示。点击交互填充工具（Interactive Fill Tool）填充，如图2–37所示。

（2）再复制一个同心圆作为黑色手机表面，用渐变颜色填充，如图2–38所示。复制一个比黑色表面部分稍小的圆，再画一个矩形与之重叠，求出两者的交集（打开裁切工具面板，选圆，点击Intersect With，选矩形，源物体和目标物体均不用保留），结果如图2–39、图2–40所示。

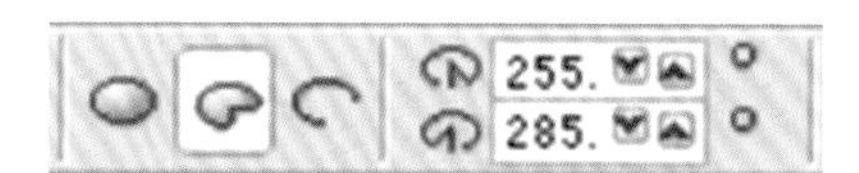

图2-32　摩托罗拉V70手机扇形工具选择

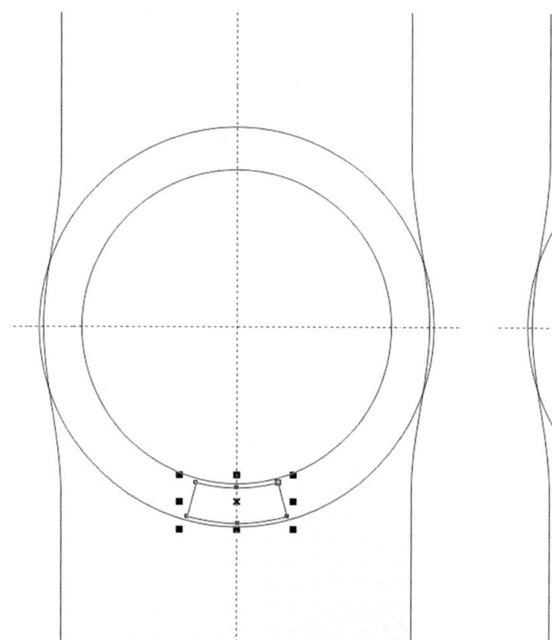

图2-33　摩托罗拉V70手机中心按键

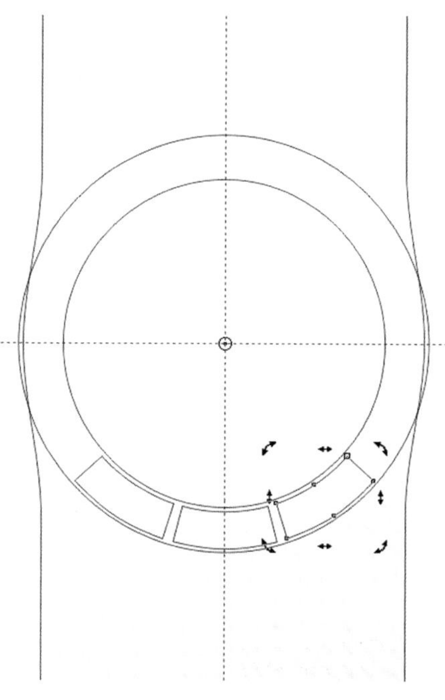

图2-34　绘制摩托罗拉V70手机三个按键

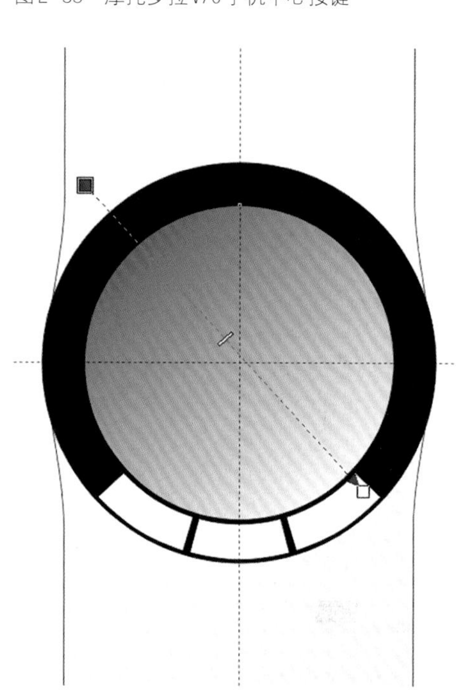

图2-35　摩托罗拉V70手机屏幕颜色初设

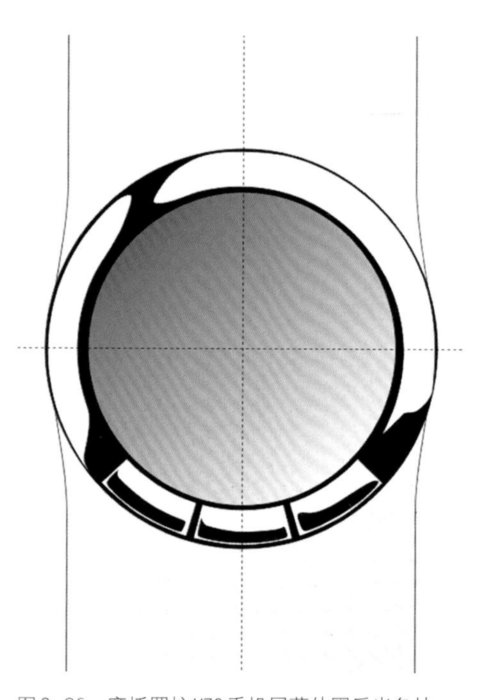

图2-36　摩托罗拉V70手机屏幕外圈反光色块

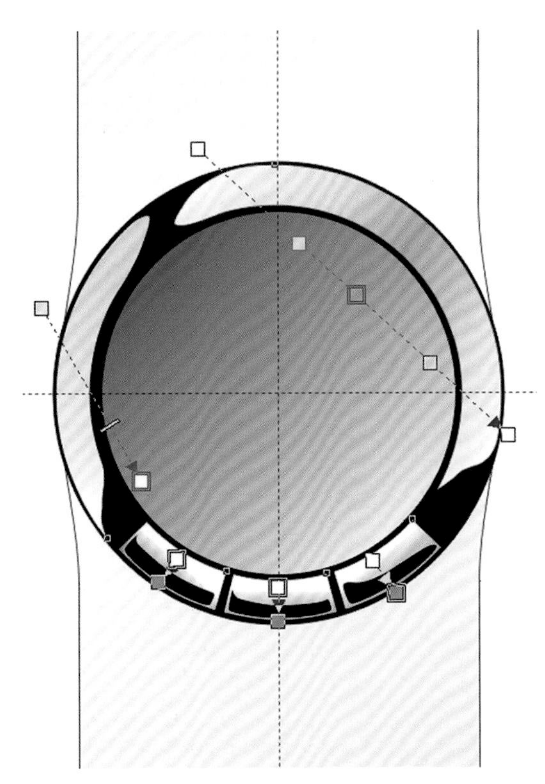

图2-37 摩托罗拉V70手机屏幕外圈反光调整

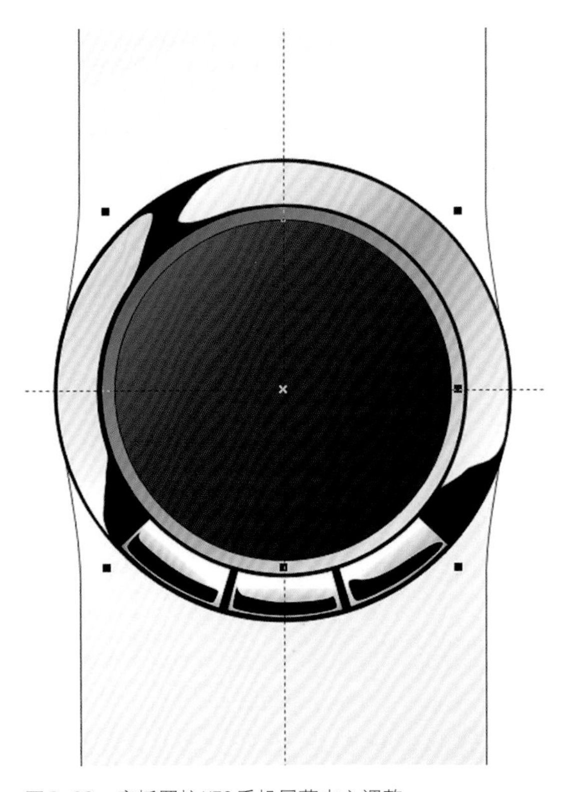

图2-38 摩托罗拉V70手机屏幕中心调整

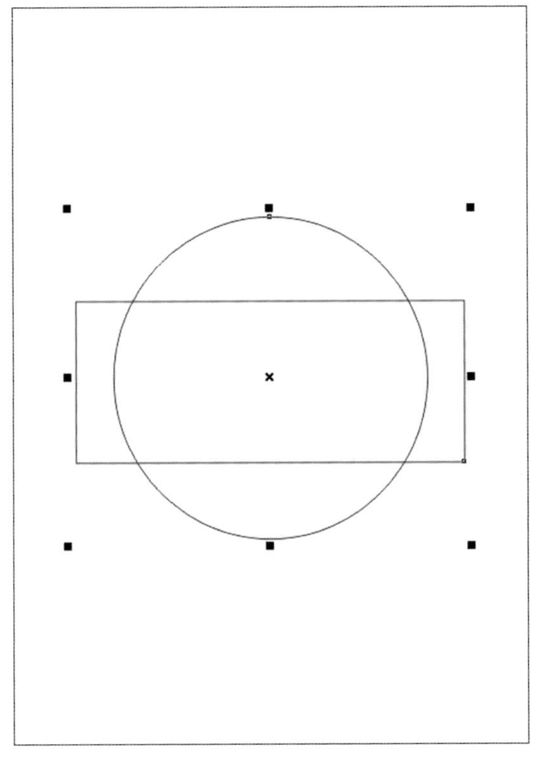

图2-39 摩托罗拉V70手机显示屏轮廓

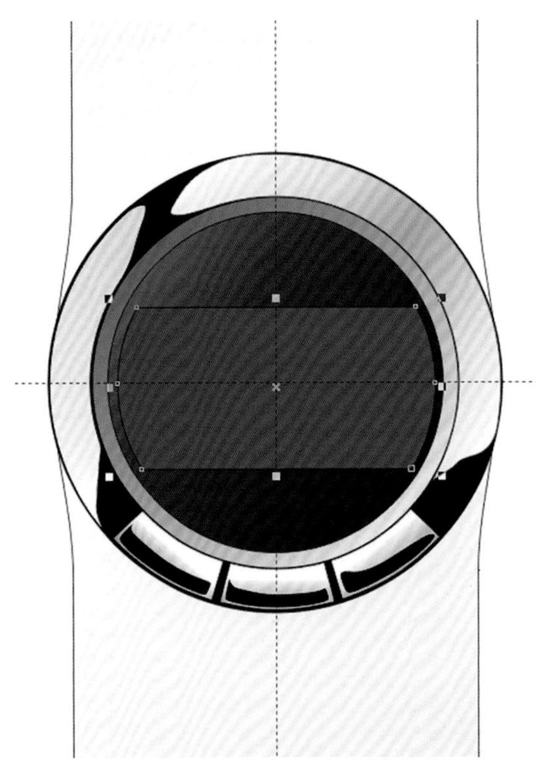

图2-40 摩托罗拉V70手机显示屏设置

（3）画上文字及图标，再画上投影，特别是镀铬外圈在黑色面板上的投影和黑面板在液晶板内的投影。因为新画的图形总在最上层，所以需要用Arrange/Order下的命令将投影置后或直接用快捷键调整前后关系（Ctrl+Page up为上移一层，Ctrl+Page down为下移一层），如图2-41、图2-42所示。

图2-41 摩托罗拉V70手机屏幕细节

图2-42 摩托罗拉V70手机屏幕图层投影调整

（4）接下来画按键，画一个矩形并倒圆角，按照键盘的实际位置复制；类似镀铬外圈上按键的画法给按键上色（画上黑色色块，白色部分用浅灰度渐变填充），加上数字、字母以及图标，如图2-43～图2-45所示。

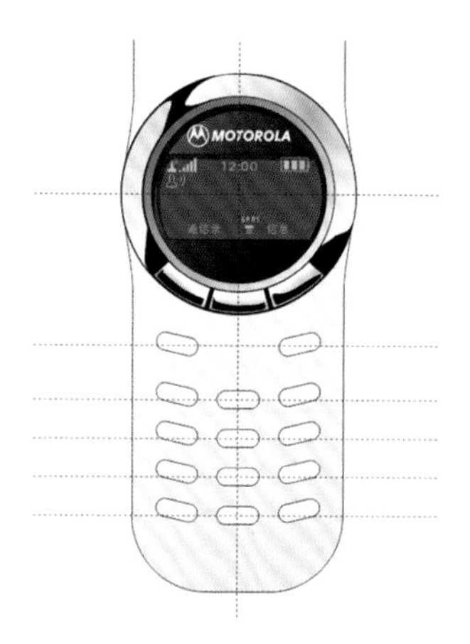

图2-43 摩托罗拉V70手机按键轮廓

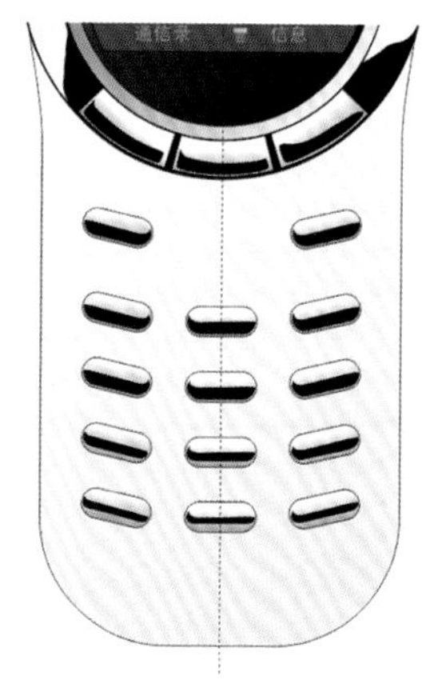

图2-44 摩托罗拉V70手机按键上色

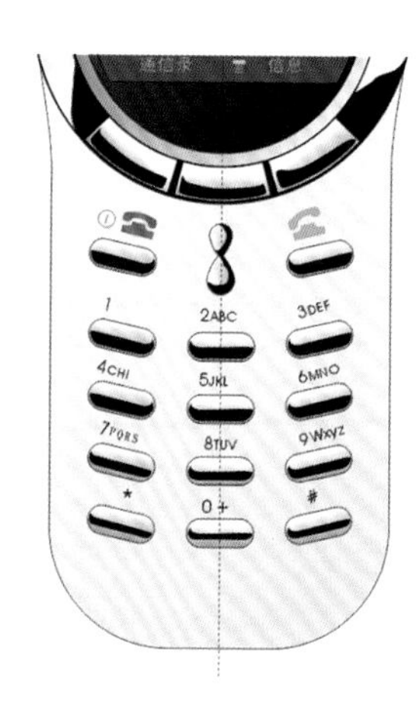

图2-45 摩托罗拉V70手机按键标识

图2-46 摩托罗拉V70手机按键投影

图2-47 摩托罗拉V70手机按键投影复制

（5）点击交互投影工具（Interactive Drop Shadow Tool）将按键设定投影。设定好一个后，其他按键设定投影时，点击拷贝投影属性工具（Copy Drop Shadow Properties），然后点击已画好的投影从而快速设定投影，如图2-46、图2-47所示。

（6）在手机上盖处绘制一个矩形，倒最大圆角，点击交互网格填充工具（Interactive Mesh Fill Tool）填充，先将网格设成如图形状，再将边缘处填充与周围相同的颜色（点击吸管工具取色以保证边缘均匀过渡），在内部四个关键点上填充颜色，左上角填白色，右下角填深色，最后将黑色外轮廓设成无色，如图2-48～图2-50所示。

（7）用矩形倒圆角，画出一个听筒孔轮廓，然后转换成曲线并填充比周围稍深的颜色；设定合适的线宽，执行Arrange/Convert Outline to Object命令，将听筒孔的轮廓线转换成物体，然后用交互填充工具进行渐变填充；左右各复制一个孔，再用同样的方法在中间画一个圆孔，如图2-51～图2-53所示。

（8）用与上一步骤相同的方法绘制上盖中间的凹陷部

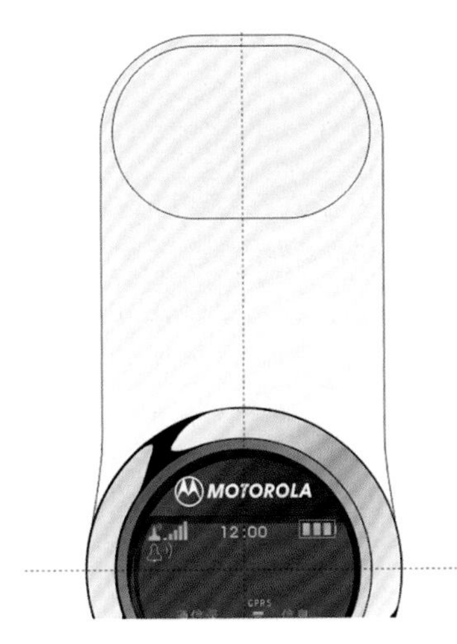

图2-48 摩托罗拉V70手机上盖凸起轮廓

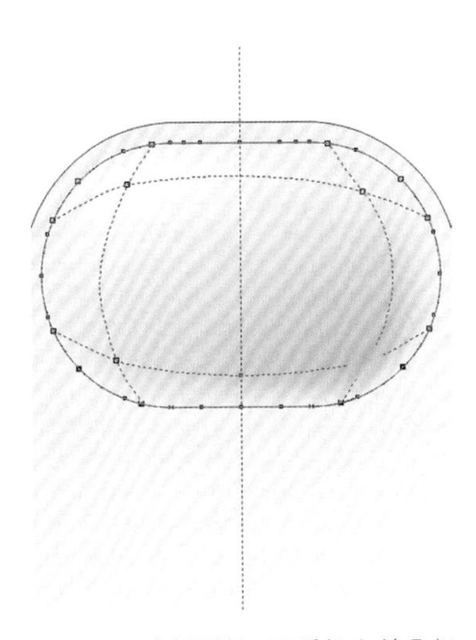

图2-49 摩托罗拉V70手机上盖凸起绘制

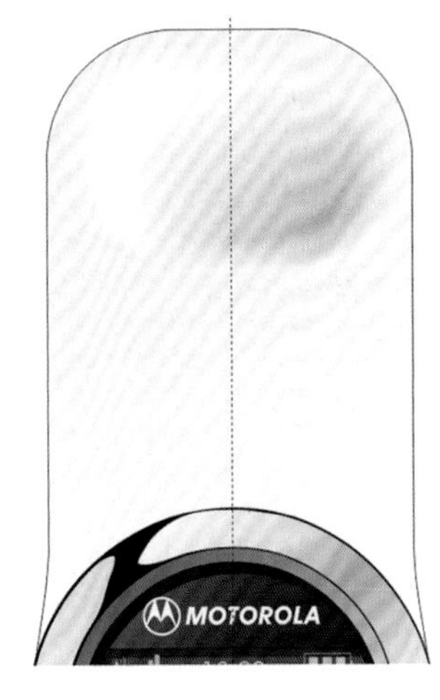

图2-50 摩托罗拉V70手机上盖凸起效果

分，用与画手机按键相同的方法画凹陷部分中的按键；执行Arrange/Convert Outline to Object命令，将手机上下盖轮廓也转换成物体，渐变填充，有投影的地方补上投影，如图2-54、图2-55所示。

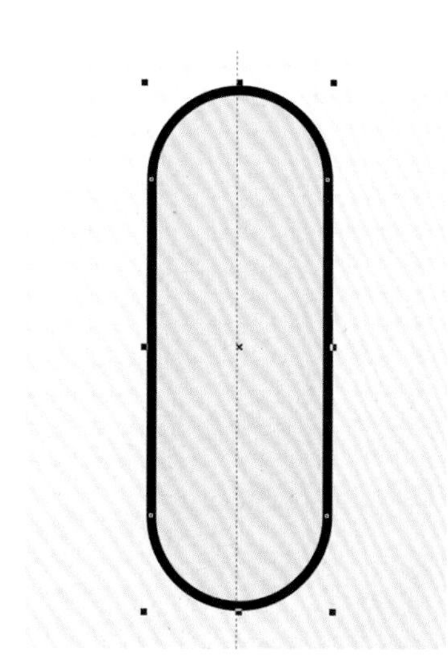

图2-51　摩托罗拉V70手机听筒孔轮廓

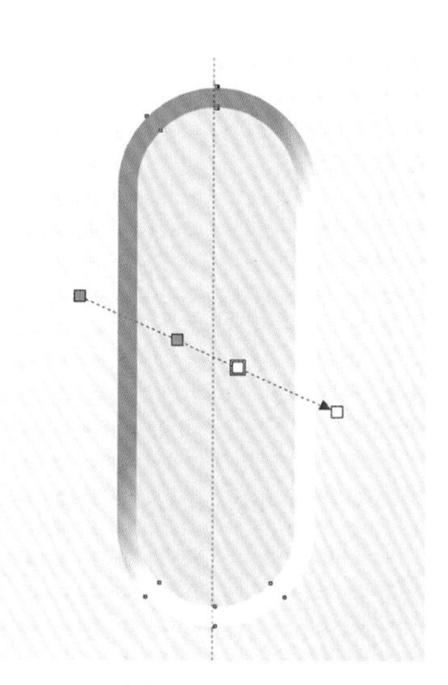

图2-52　摩托罗拉V70手机听筒孔轮廓调整

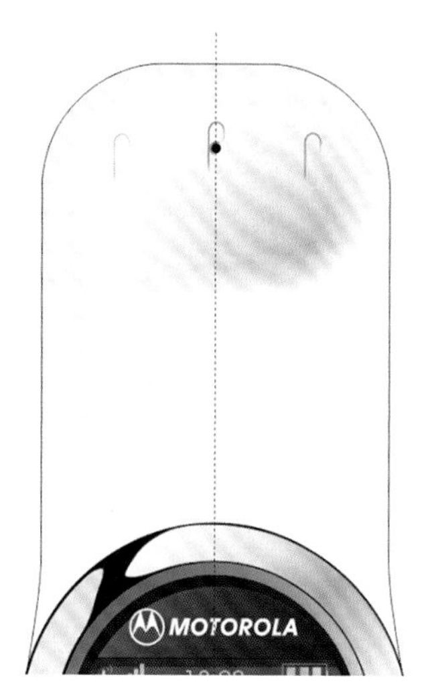

图2-53　摩托罗拉V70手机听筒孔效果

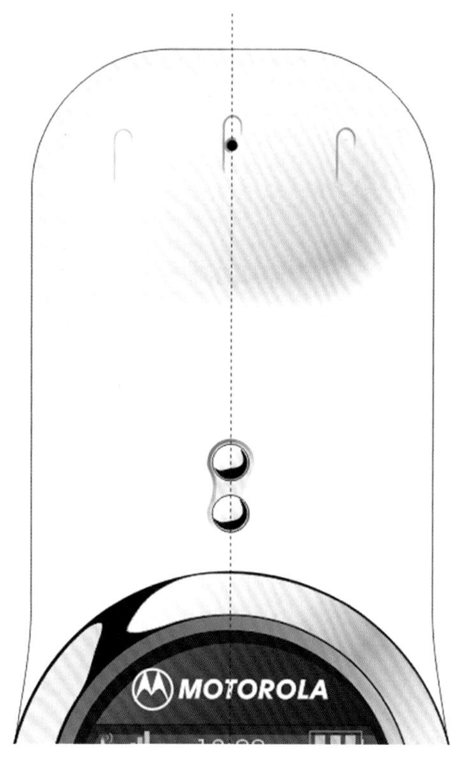

图2-54　摩托罗拉V70手机屏幕上按键

图2-55　摩托罗拉V70手机模型效果图

03 三维数字建模设计案例

本部分内容精心挑选了七个三维数字建模案例，分别使用3D Studio Max、Rhino和AutoCAD完成，展示了常用三维建模软件的使用技法和建模效果。

3.1 使用3D Studio Max制作玻璃杯模型

3D Studio Max在国内拥有广泛的用户，经过不断的版本升级，其功能也越来越强。多边形建模就是其中一个成功的工具，相比其他的网格（Mesh）建模工具，它不仅操作相对简单，而且容易表达出复杂的不规则曲面。但使用它建模时感性成分居多，不能精确建模。Mental Ray渲染器是3D Studio Max内置的一个非常强大的渲染器，支持全局照明，光感柔和，材质方面尤其擅长表达玻璃以及金属的材质。

本案例将使用3D Studio Max制作完成玻璃杯模型，如图3–1所示。

图3–1 玻璃杯模型

3.1.1 玻璃杯基本形体建模

（1）打开3D Studio Max软件，建立一个圆柱体，如图3–2所示，参数如图3–3所示。

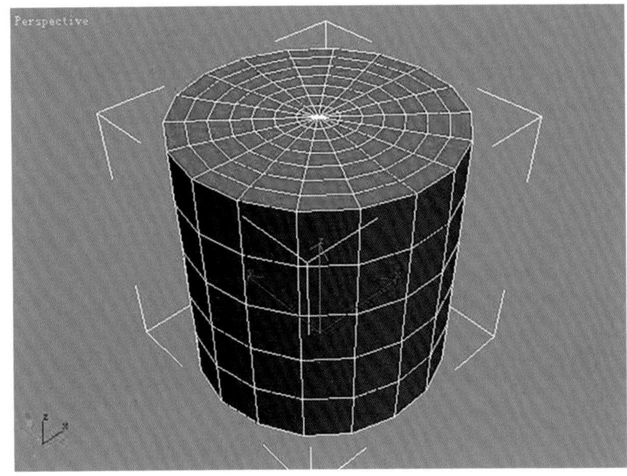

图3–2 为玻璃杯建立圆柱杯体

图3–3 玻璃杯杯体参数

（2）在Modify（修改）面板中选择Edit Mesh（编辑网格）命令，在Modifier List（修改器列表）框下点击“+”符号展开Edit Mesh的次物体，点击Polygon次物体，使之变成黄色亮条，如图3–4所示。

（3）在修改面板中勾选Ignore Backfacing（忽略背面）复选框，避免在框选多边形时误选了后面的多边形，多次按Q键切换为圆形选择工具，然后框选除了最外圈以内的顶面多边形，如图3–5所示。

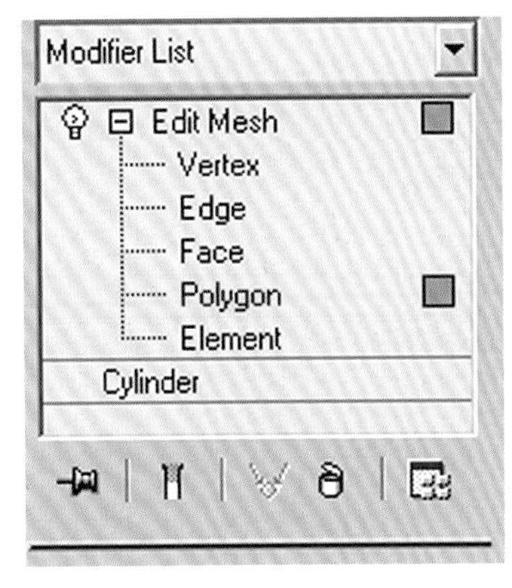

图3–4 玻璃杯模型制作多边形命令选择

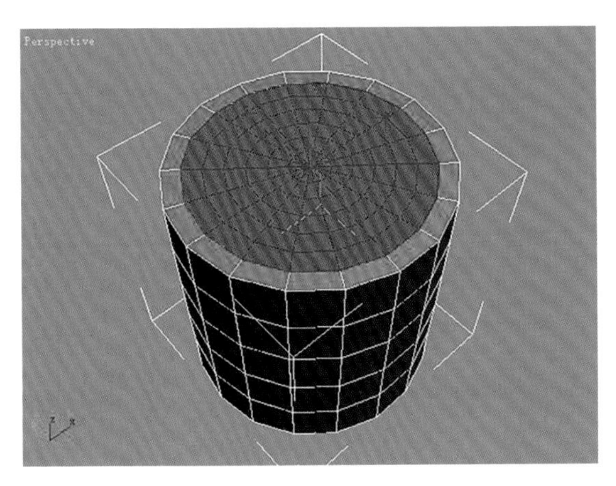

图3–5 玻璃杯模型制作多边形命令操作

（4）选中顶面多边形后准备进行多边形拉伸，使上表面产生杯子的凹槽。在修改命令区设置Extrude（挤压）为-250左右。也可以按住鼠标向下拖动Extrude参数右边的微调按钮实时观察多边形向下挤压的位置，满意后松手即可，如图3-6、图3-7所示。

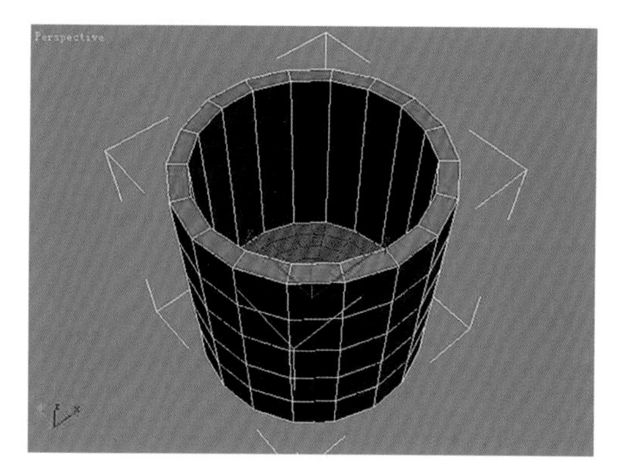

图3-6　制作玻璃杯凹槽

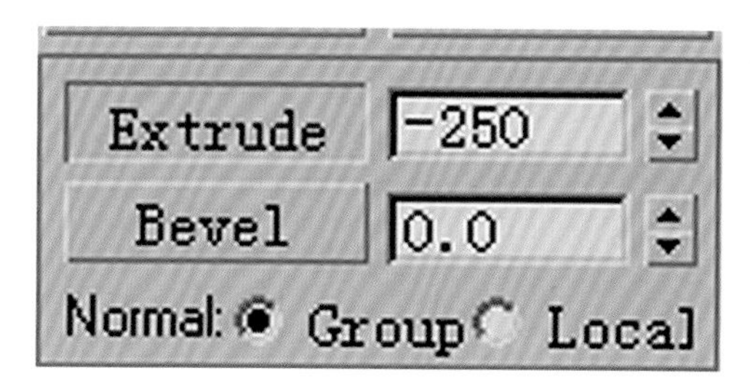

图3-7　制作玻璃杯凹槽参数

（5）按住Ctrl键的同时选择如图3-8、图3-9所示的两个多边形，向上拖动Extrude参数右边的微调按钮，将两个多边形向外拉伸，至满意后松手。

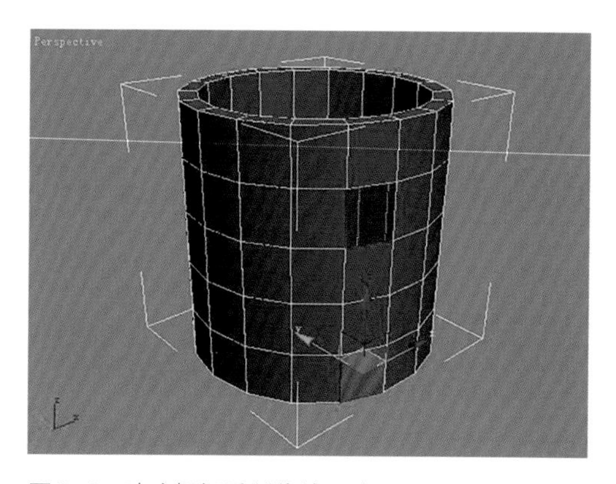

图3-8　玻璃杯把手制作第一步

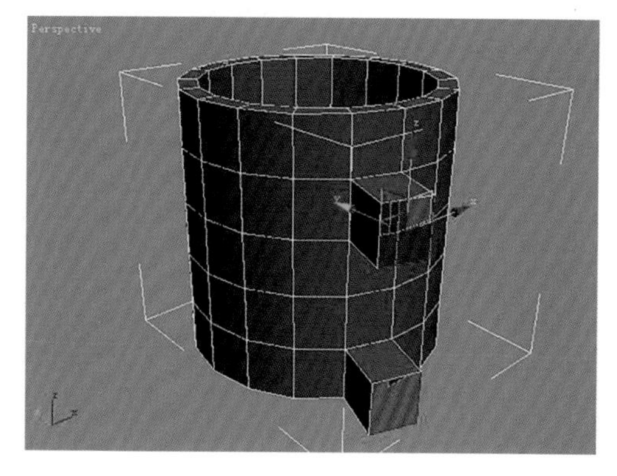

图3-9　玻璃杯把手制作第二步

（6）重复Extrude，再挤压出一段，用移动工具和旋转工具调整上下两个挤压面的角度，如图3-10、图3-11所示。

（7）重复上一步骤，再挤压出两段，用移动工具和旋转工具调整上下挤压面的角度，最后应在基本重合的位置，删除上下相对的两个面，如图3-12、图3-13所示。

（8）按数字键1打开点次物体，框选需要结合的两个多边形节点，点击Weld栏下的Selected键融合；如果提示不能融合，则调大Selected右边的值再点击融合；用同样的方法融合其余几个点，如图3-14～图3-17所示。

（9）再按一下数字键1退出次物体模式，选择MeshSmooth（网格光滑），设置Iterations（细分次数）为2，Smoothness（光滑度）为1，如图3-18～图3-20所示。

（10）复制几个杯子并调整一下位置，新建几何体 Plane 作为桌面，建立摄像机选择一个比较好的角度，如图3-21所示。

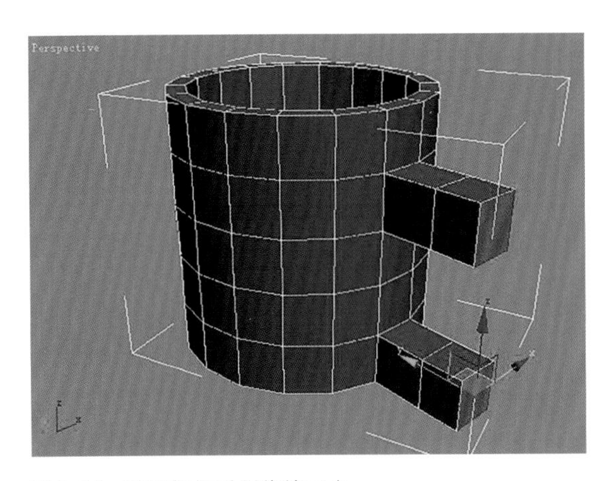

图3-10　玻璃杯把手制作第三步

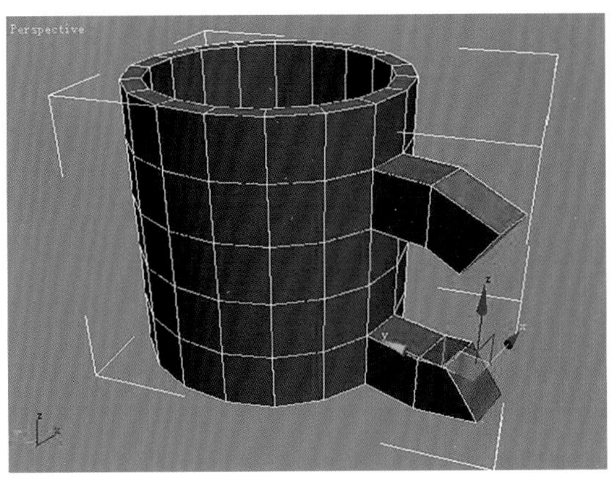

图3-11　玻璃杯把手制作第四步

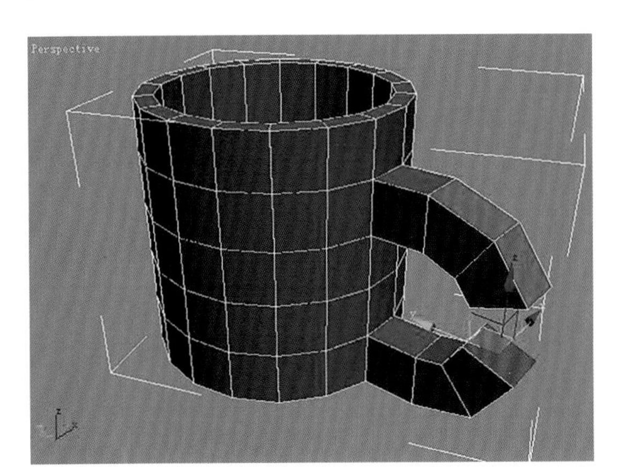

图3-12　玻璃杯把手制作第五步

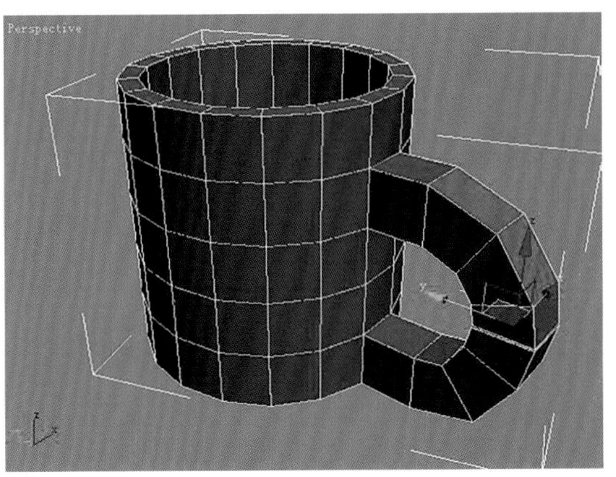

图3-13　玻璃杯把手制作第六步

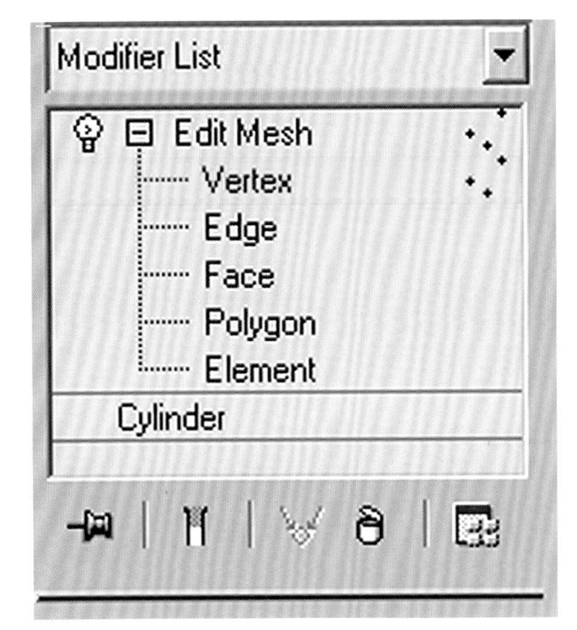

图3-14　玻璃杯把手上下段融合命令选择

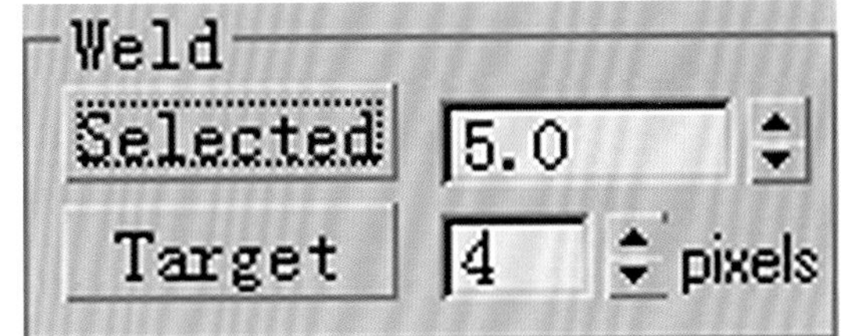

图3-15　玻璃杯把手上下段融合命令参数

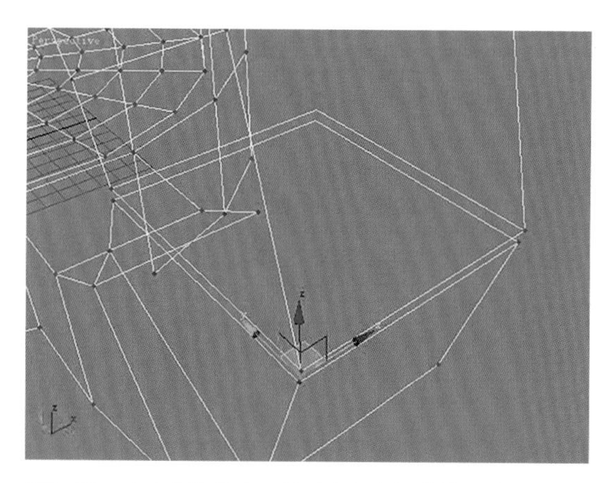

图3-16 玻璃杯把手上下段融合命令操作第一步

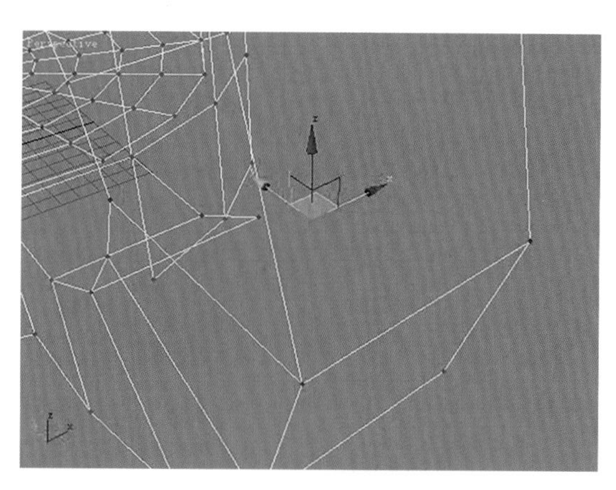

图3-17 玻璃杯把手上下段融合命令操作第二步

图3-18 玻璃杯制作网格光滑命令选择

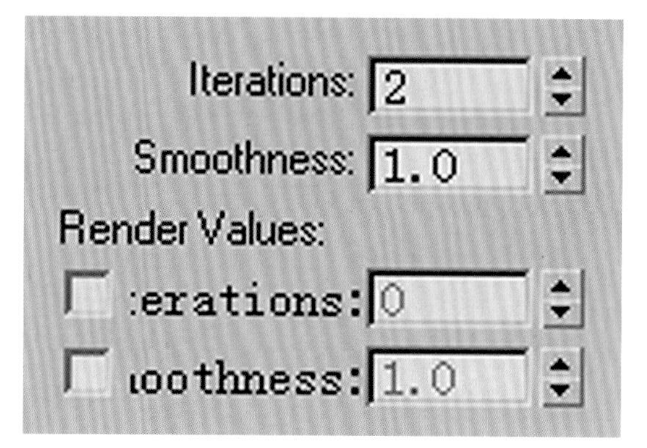

图3-19 玻璃杯制作网格光滑命令参数

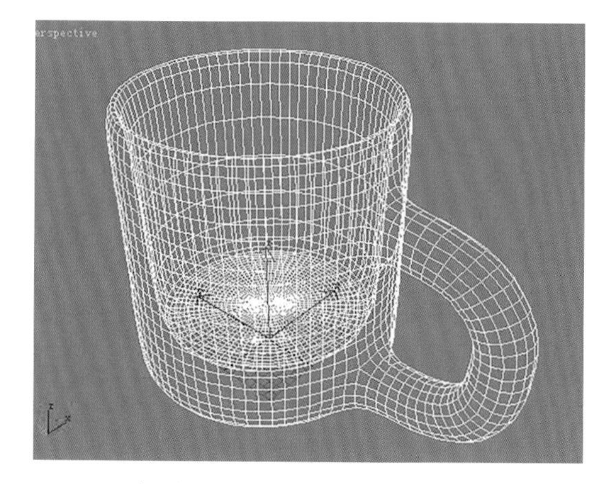

图3-20 玻璃杯制作网格光滑示例

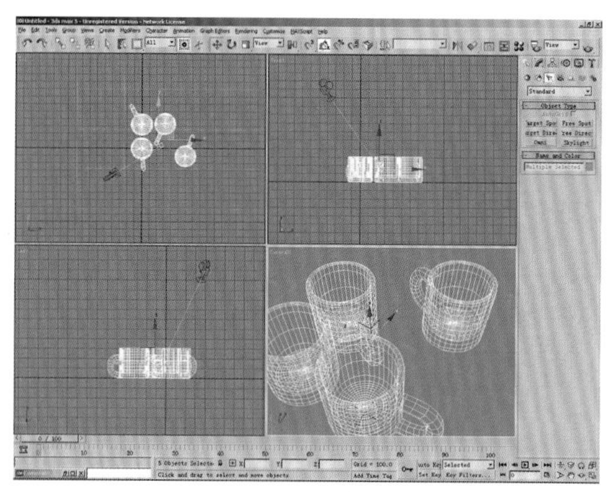

图3-21 玻璃杯复制及调整

3.1.2 玻璃杯模型渲染

（1）打开渲染面板，在Common栏中最下方，展开Assign Renderer，将Production的渲染器改为mental ray Renderer，这样才能做出逼真的玻璃材质；再在Renderer栏中，将Rendering Algorithms下的Sum值改为10，以增加光线追踪的层次，如图3–22～图3–24所示。

（2）打开材质编辑器，选择一个空白的材质球，将材质赋予桌面并设定：Specular Level=0，Glossiness=0，Diffuse Map（漫反射贴图）=C：\3dsmax6\maps\Organics\Crumple4.jpg（假设max安装目录在C：盘根目录）。

（3）再选择一个空白的材质球，将材质赋予杯子，将材质类型由Standard改为Glass（physics_phen），如图3–25所示。

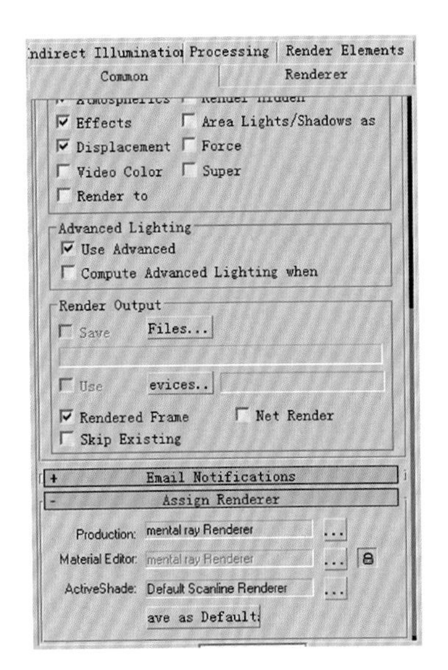

图3–22 玻璃杯制作渲染命令选择第一步

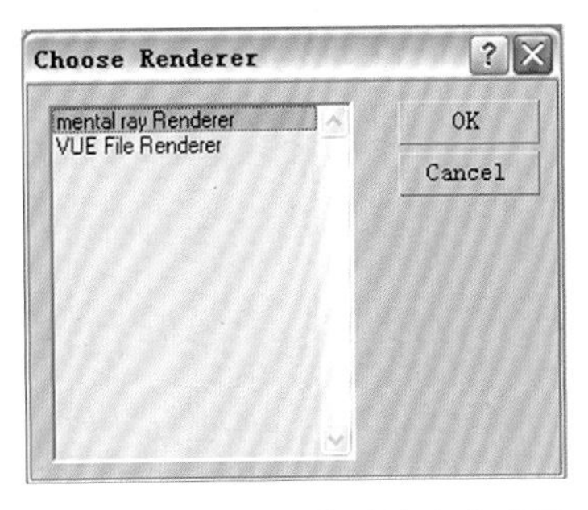

图3–23 玻璃杯制作渲染命令选择第二步

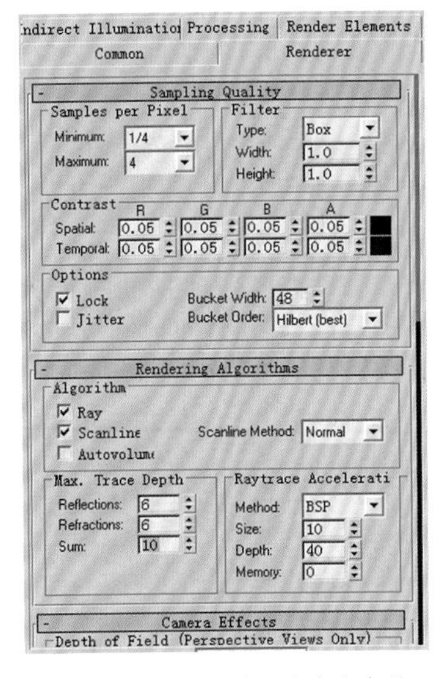

图3–24 玻璃杯制作渲染命令参数

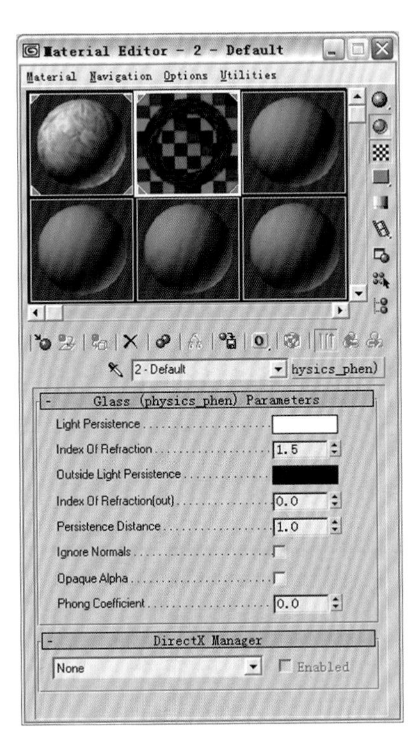

图3–25 为玻璃杯赋予材质

（4）在摄像机左右两侧分别新建一盏灯光（Create/Lights）mr Area Omni，左侧颜色保持R=255、G=255、B=255不变，使之成为主光源并产生较深的投影；将右侧光源的颜色设为R=150、G=150、B=150，使之产生较浅的投影。在修改面板中的投影参数卷展栏（Shadows Parameters）中，将两盏灯投影的密度（Density）设为0.5，如图3-26所示。

（5）渲染摄像机视图（略）。

图3-26 玻璃杯制作材质渲染效果

3.2 使用3D Studio Max制作奥运火炬模型

本案例中，将详述在使用3D Studio Max制作奥运火炬模型时，如何应用金属纹理贴图技法，怎样通过定制的位图来表现丰富的金属纹理，并使用Loft的多截面技术创建火炬薄壳。

3.2.1 奥运火炬基本形体建模

（1）启动3D Studio Max，打开【Customize】菜单，选择Units Setup命令，

将系统单位和显示单位都设为毫米，如图3–27所示。

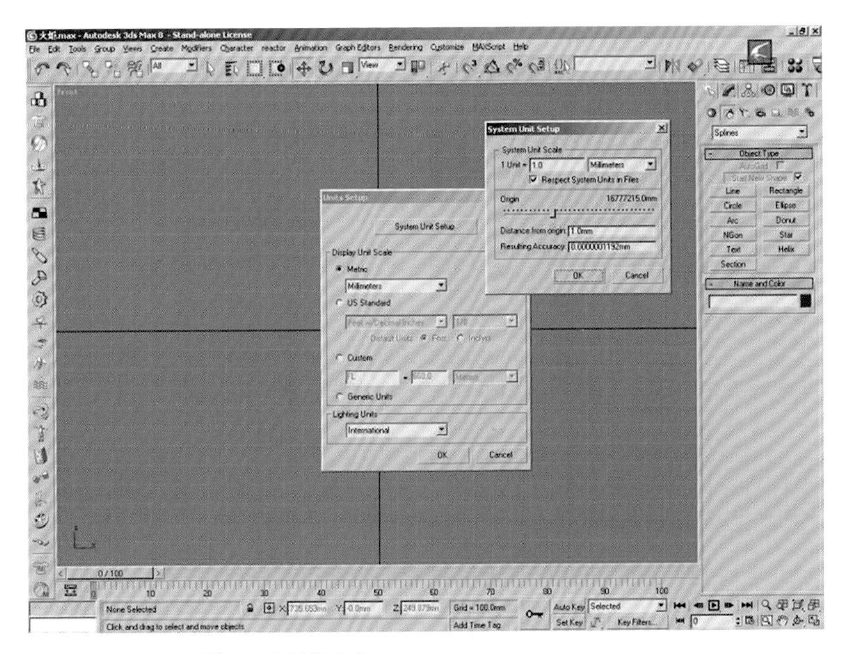

图3–27　奥运火炬模型定制单位参数

（2）创建如图3–28所示的样条曲线Line01，将用它作为放样的路径。

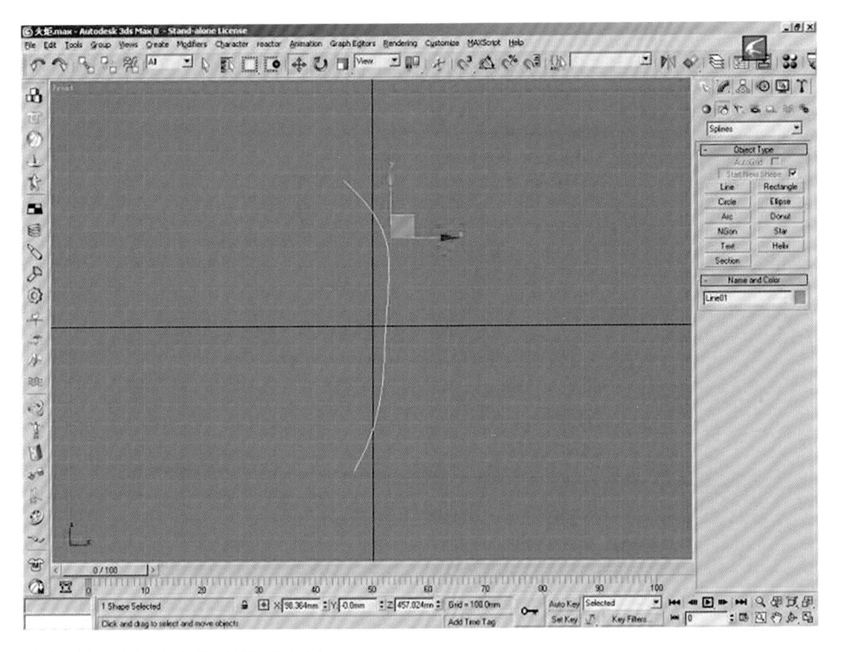

图3–28　奥运火炬模型放样路径

（3）在Top视图建立一个Ellipse01椭圆参数，如图3–29所示。

（4）在选择并移动工具按钮上点击鼠标右键，调出参数面板，都设为0.0mm，如图3–30所示。

（5）选择样条曲线Line01，在Create面板下的Geometry里选择Compound Objects面板下的Loft命令，如图3–31所示。

（6）分别选择Get Shape命令在路经0、20、80、100的位置上放置建好的椭圆Ellipse01，将得到模型Loft01，如图3–32所示。

（7）在Loft命令上点击“+”符号展开Loft的次物体，选择Shape在视图里分别用缩放工具调节路径上的Shape的大小，使放样物体Loft01成为如图3–33所示。

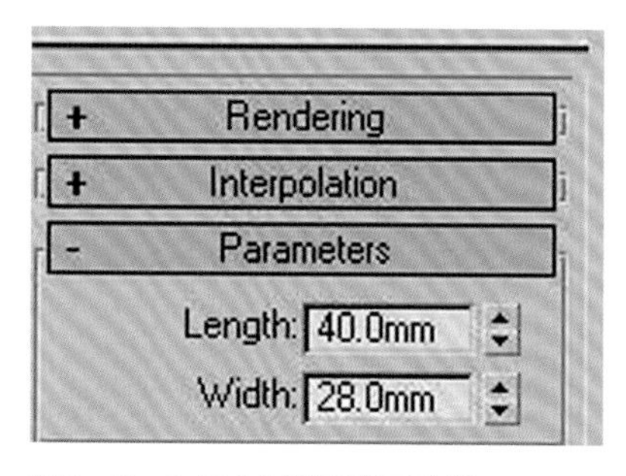

图3–29 奥运火炬模型椭圆参数

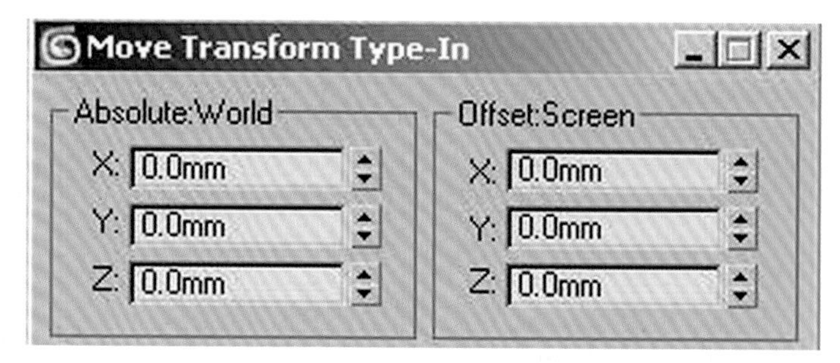

图3–30 奥运火炬模型Move工具参数

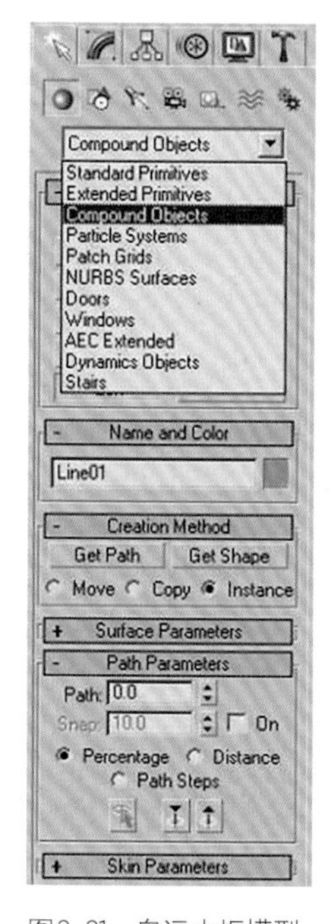

图3–31 奥运火炬模型Loft命令选择

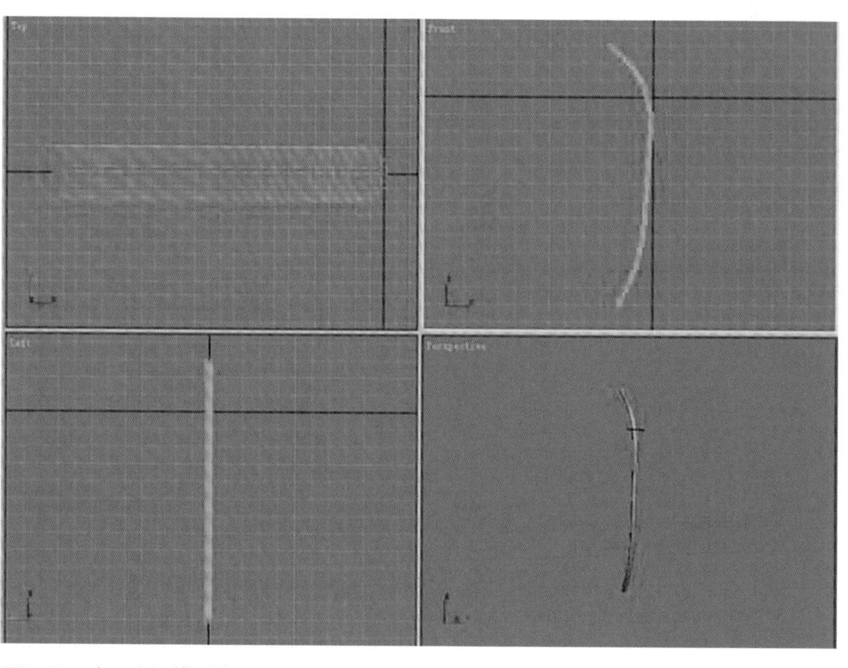
图3–32 奥运火炬模型放置Ellipse01

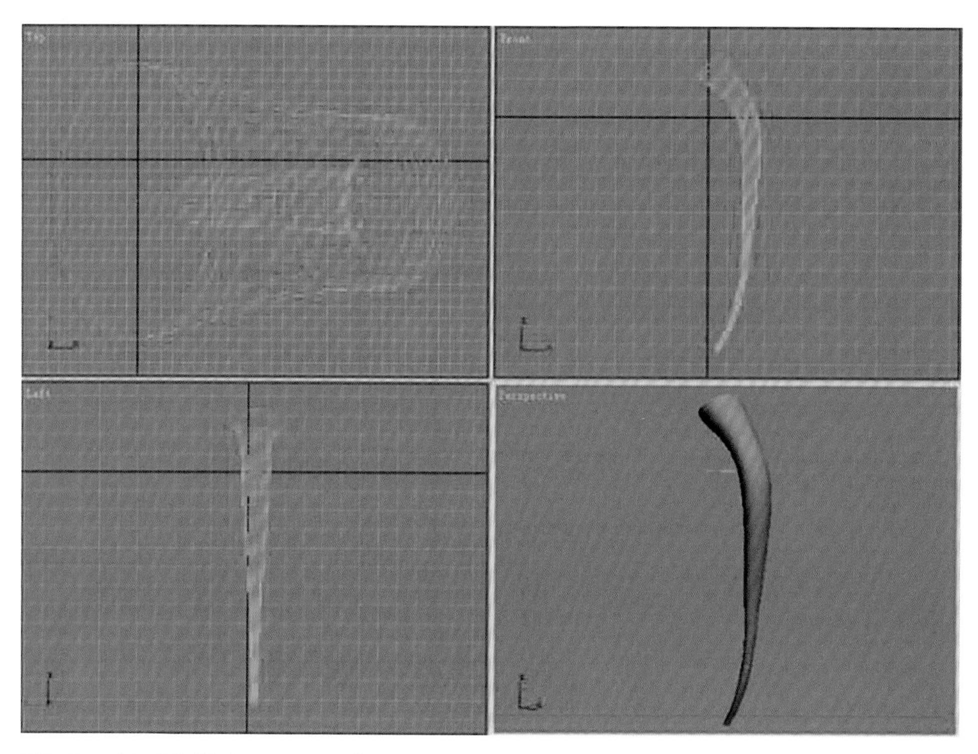

图3-33 奥运火炬模型Ellipse01调整

（8）在Loft的Skin Parameters面板下点选Linear Interpolation采用线性插补。用样条曲线Line02勾勒出火纹样的负形，并用Extrude命令拉伸Amount数值为500，使它越过Loft01，如图3-34所示。

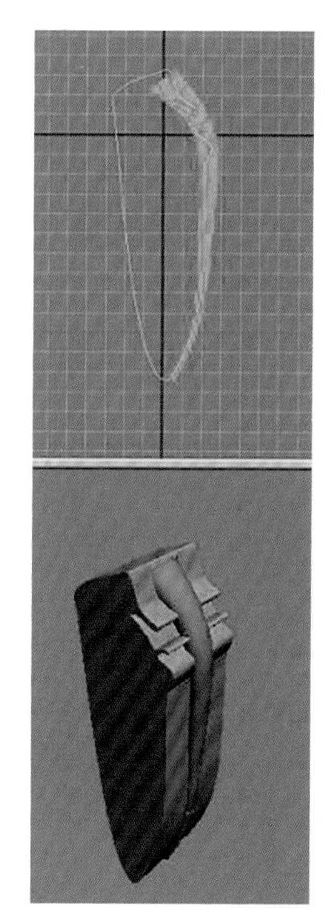

图3-34 奥运火炬模型火纹样

（9）做布尔运算前的准备，可以先存一个备份文件。增加Loft01的精度，在Loft的Skin Parameters面板下把Shape Steps步幅值增加到50，并把Path Steps路径步幅增加到30。下一步增加火纹样Line02的精度，首先在Modify修改面板下选择Line后，找到Interpolation面板，把Steps步幅值增加为60，然后选择先前的Extrude命令，在下面的Parameters参数面板下，将Segments片段值增加为100。

（10）在视图中选择Loft01并在Create面板下的Geometry里选择Compound Objects面板下的Boolean命令，选择Pick Operand B命令后在试图中点选火纹样

Line02，得到高精度的Loft02布尔物体，如图3–35所示。

（11）在Modifier List里右键点击Boolean，在弹出菜单中选择Editable Poly，将Loft02布尔物体塌陷为可编辑的多边形物体。在Editable Poly命令上点击“+”符号展开Editable Poly的次物体，选择Polygon，视图中应当显示布尔后的截面为选择状态，如图3–36所示。

（12）按下键盘的Delete键，将选择的截面删除，并选择上方的小面，也将它删除，如图3–37所示。

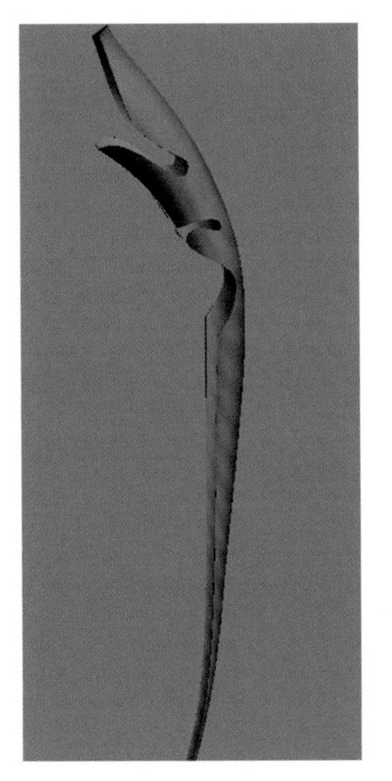

图3–35 奥运火炬模型布尔物体

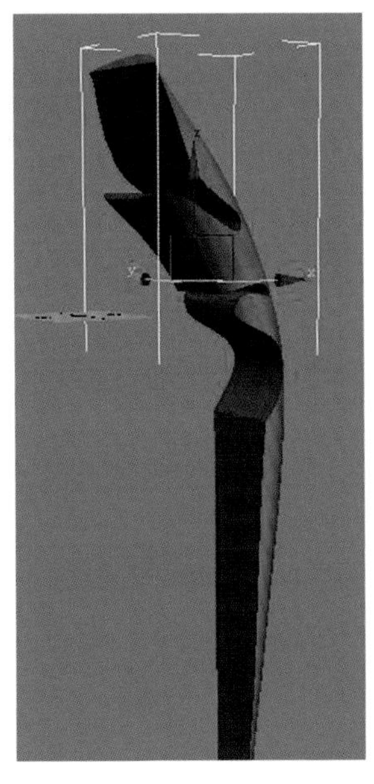

图3–36 奥运火炬模型布尔后的截面选择状态

图3–37 奥运火炬模型

（13）在Create面板将物体名称改为ZT，如图3–38所示。

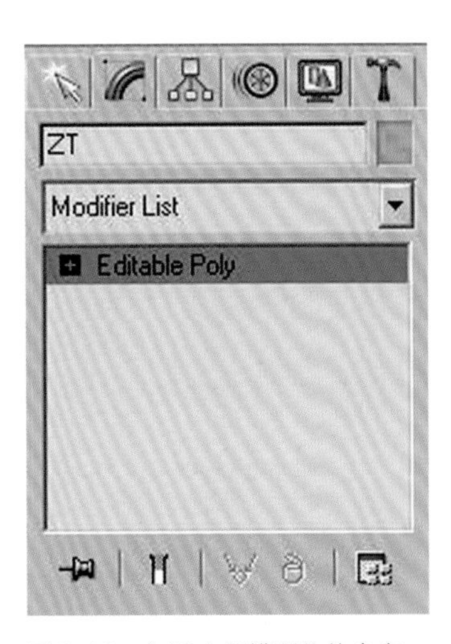

图3–38 奥运火炬模型物体命名

3.2.2 奥运火炬模型渲染

（1）选择Modifier List里Editable Poly或按下数字键6关闭次物体状态，按下键盘的M键打开Material Editor材质编辑器，选中一个材质球将它赋予物体ZT01，在Shader Basic Parameters 面板勾选2–Sided。

（2）为模型增加厚度，首先在视图的Perspective透视图的字上点击右键，在弹出的面板上勾选Edged Faces边面显示。

（3）选择Modifier List里Editable Poly，在Editable Poly命令上点击“+”符号，展开Editable Poly的次物体，选择Border轮廓线命令或者按下数字键3。注意选择完整的轮廓线，可以配合键盘的Ctrl键加选轮廓线，如图3-39所示。

（4）在Edit面板下，选择Extrude边上的Settings按钮，在弹出的面板上调整参数，如图3-40所示。

（5）按下数字键7，可以看到现在物体的Faces的面数。当前的物体ZT01 由于在前面的步骤中保持了高精度，所以面数很多，下面将用MultiRes命令给物体瘦身，选择物体ZT01在Modifier List里选择MultiRes命令，点击Generate应用命令后，在Vert Percent点百分比和Vert Count点数量分别进行调节，把模型控制在需要的精度即可。由于我们前面在给予物体的材质中打开了双面渲染，这会多占计算量，现在把它改过来。按下键盘的M键打开Material Editor材质编辑器，选中一个新的材质球将它赋予物体ZT01，在Standard面板上点击，在弹出的面板中选择Double Sided双面材质Translucency的数值保持为0，将Facing Material与Back Material保持一致即可。

（6）重复以上步骤，做出另一半模型，并命名为ZT02，如图3-41所示。

（7）按下键盘的M键打开Material Editor材质编辑器，选中刚才的材质球并选择Facing Material边上的方框，在下一层级的Blinn Basic Para-

图3-39　奥运火炬壳模型

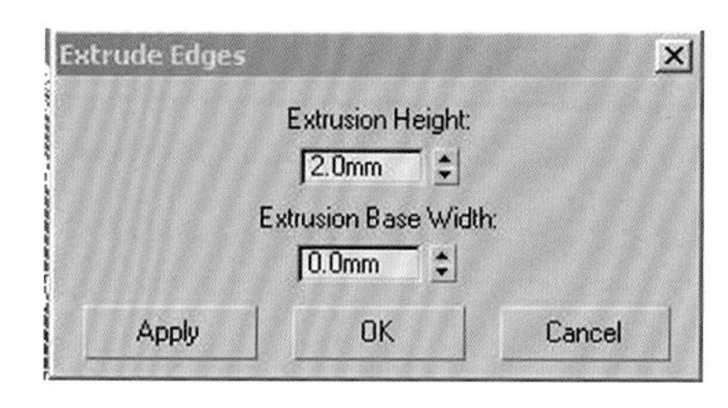

图3-40　奥运火炬模型调整Extrude参数

meters面板下的Diffuse固有色旁边的方框点击，在弹出的面板中选择Gradient Ramp渐变色增强命令，并在Modifier List里选择UVW Mapping命令为ZT01和ZT02增加贴图坐标，如图3-42所示。

（8）通过Loft建模手段，运用以上介绍的技法创建出火炬的火炬芯ZT03，如图3-43所示。

（9）为ZT03增加金属效果，首先在Modifier List里选择UVW Mapping命令为ZT03增加贴图坐标。按下键盘的M键打开Material Editor材质编辑器，选中一个新的材质球并在Maps面板上点击“+”符号展开它。在Reflection反射和Bump凹凸项目里加载两张天空贴图，并点击贴图，打开它的参数面板在Coordinates面板下将V方向的Tiling增加为20，如图3-44、图3-45所示。

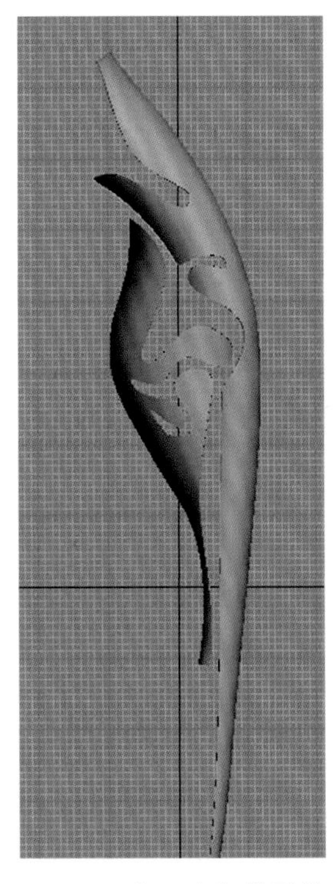

图3-41 奥运火炬模型物体复制效果

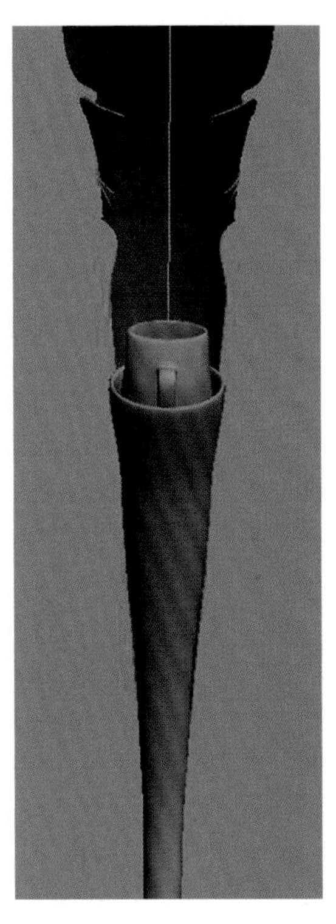

图3-43 奥运火炬模型火炬芯

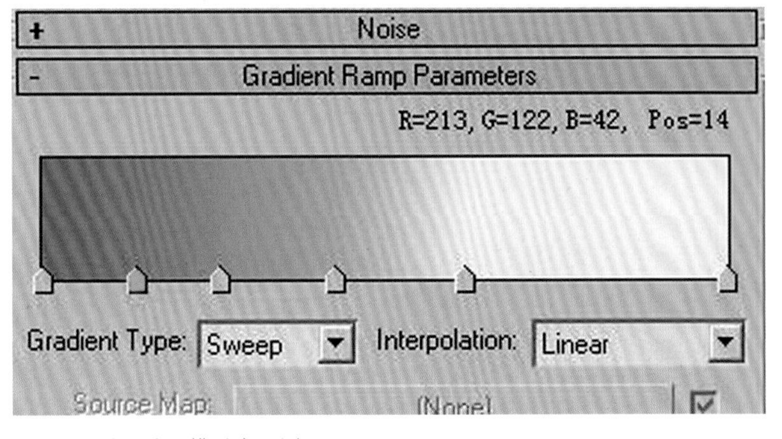

图3-42 奥运火炬模型贴图坐标

☐	Opacity	100	None
☐	Filter Color	100	None
☑	Bump	30	Map #5 (jishuwenli.JPG)
☑	Reflection	100	Map #6 (sky01.jpg)
☐	Refraction	100	None

图3-44 奥运火炬模型贴图参数1

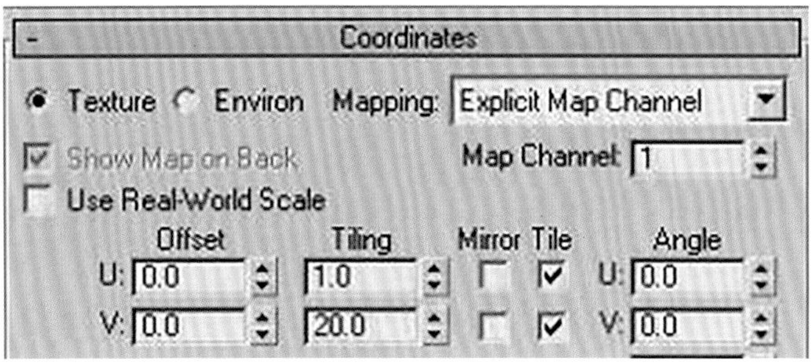

图3-45 奥运火炬模型贴图参数2

（10）点击工具栏的渲染设置按钮，显示sky01.jpg生成了闪亮的金属物体，而jishuwenli.jpg生成了金属的刮痕效果，通过改变sky01.jpg的Blur和Blur Offset的数值可以调节金属表面的清晰度，改变jishuwenli.jpg的U、V Tiling可以控制金属刮擦的效果。点击 返回上一级菜单按钮，返回主Material Editor材质编辑器。在Blinn Basic Parameters 面板中，调节Specular Level到60，并且改变Glossiness的数值到100，如图3-46、图3-47所示。

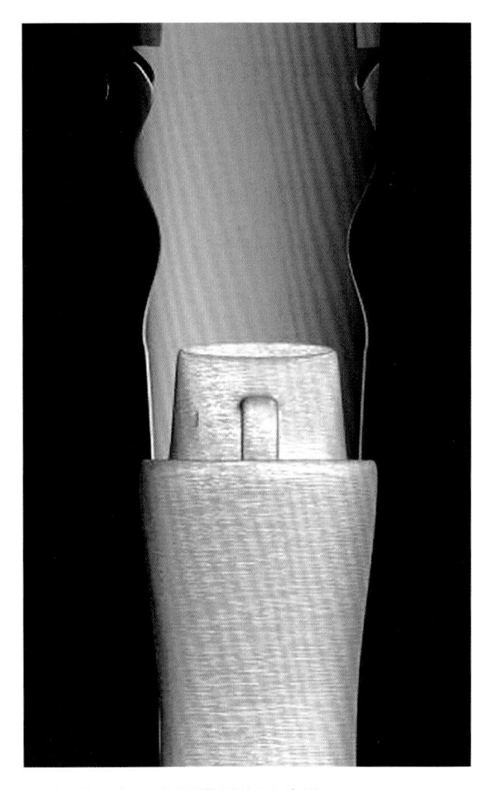

图3-46 奥运火炬模型金属效果

图3-47 奥运火炬模型效果图

3.3 使用3D Studio Max制作仙桃动画

3D Studio Max软件的Video Post工具中的Lens Effects Flare命令主要用来制作星光特效动画，本节将使用它制作特殊的仙桃动画效果，带你发现Lens Effects Flare的妙用。

3.3.1 仙桃基本形体的制作

（1）启动3D Studio Max软件，选择下拉菜单File下的Reset命令，进行重置。

（2）点击建立物体按钮展开面板，在面板下的平面物体按钮下选择Point点命令，在Top视图建立一个Point01，保持其默认参数不变。

（3）在下拉菜单点击Rendering选择下面的Video Post命令，在打开的Video Post面板点击增加场景按钮，新增一个场景。点击特效按钮，为场景增加一个特效，在弹出的菜单中选择Lens Effects Flare命令，点击OK确定。

（4）点击输出按钮，在弹出的菜单里点击Files为特效的输出确定名称、保存地点和格式，将输出格式设为AVI或JPG，点击OK确定，如图3-48所示。

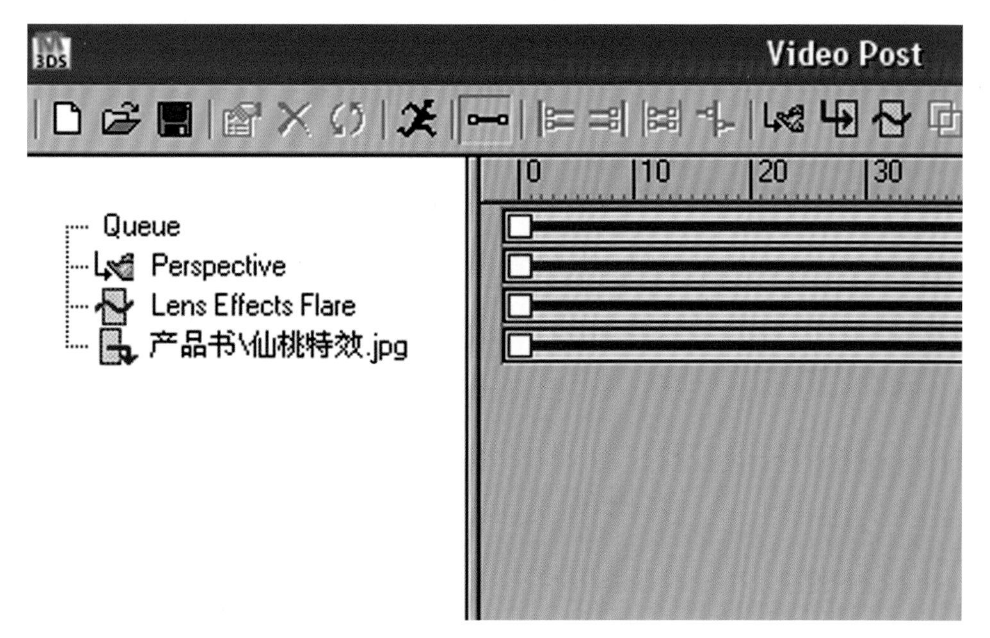

图3-48 给仙桃动画命名并保存

（5）双击Lens Effects Flare命令在弹出的菜单中选择Setup，打开Lens Effects Flare的参数面板，点击Preview预览，点击VP Queue更新序列，在Lens Flare Properties属性面板下点击Node Sources按钮，在弹出的菜单中选择Point01帮助物体，点击Update更新场景。

（6）在右侧的Prefs面板，取消其他各项，只保留Man Sec二级光斑选项，如图3–49所示。

（7）在左侧点击M Sec面板，进入二级光斑的参数设置。点击按钮<，确认选择为Man Sec 6，点击右侧的按钮Del将其删除，依次点击按钮Del直到剩下Man Sec 1为止。

（8）通过调节Radial Color的参数来调整桃子的颜色。再通过调节Radial Transparency的参数，产生透明效果，使桃子的外边缘看起来柔和一些。然后通过调节Radial Size的参数来控制桃子的外形，如图3–50所示。

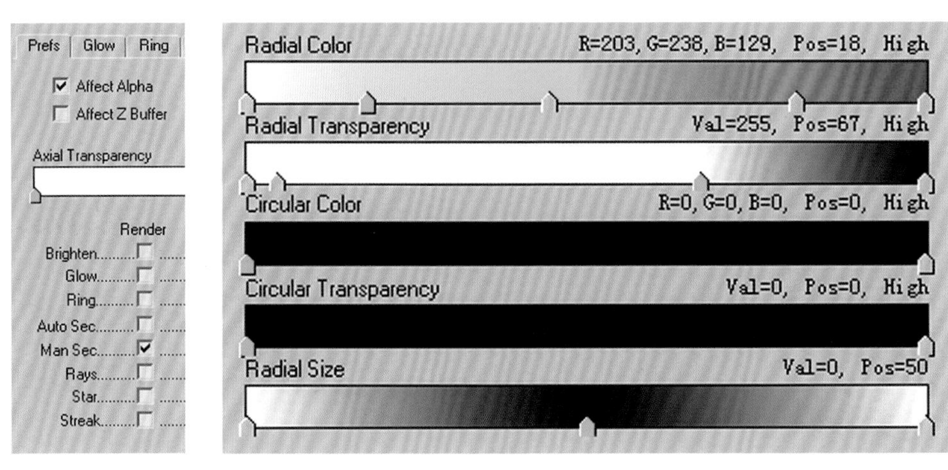

图3–49 Prefs面板参数选择　图3–50 调整桃子的颜色和形状

（9）将Size的数值调整为104，点击Update更新场景，这样就可以得到一个完整的仙桃形状，如图3–51所示。

（10）制作绿叶来衬托仙桃。点击按钮Add，为场景增加一个光斑Man Sec 7，调整其参数，如图3–52所示。

（11）再次点击按钮Add，为场景增加一个光斑Man Sec 8，调整其参数，如图3–53所示。

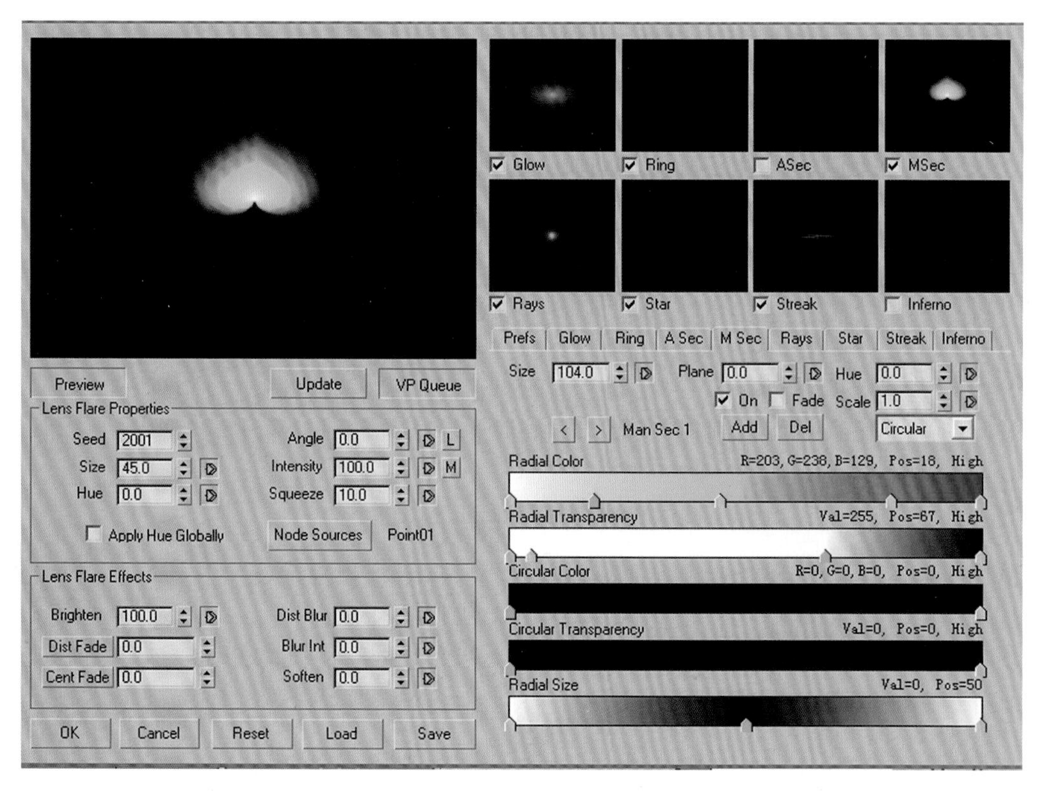

图 3-51　仙桃造型

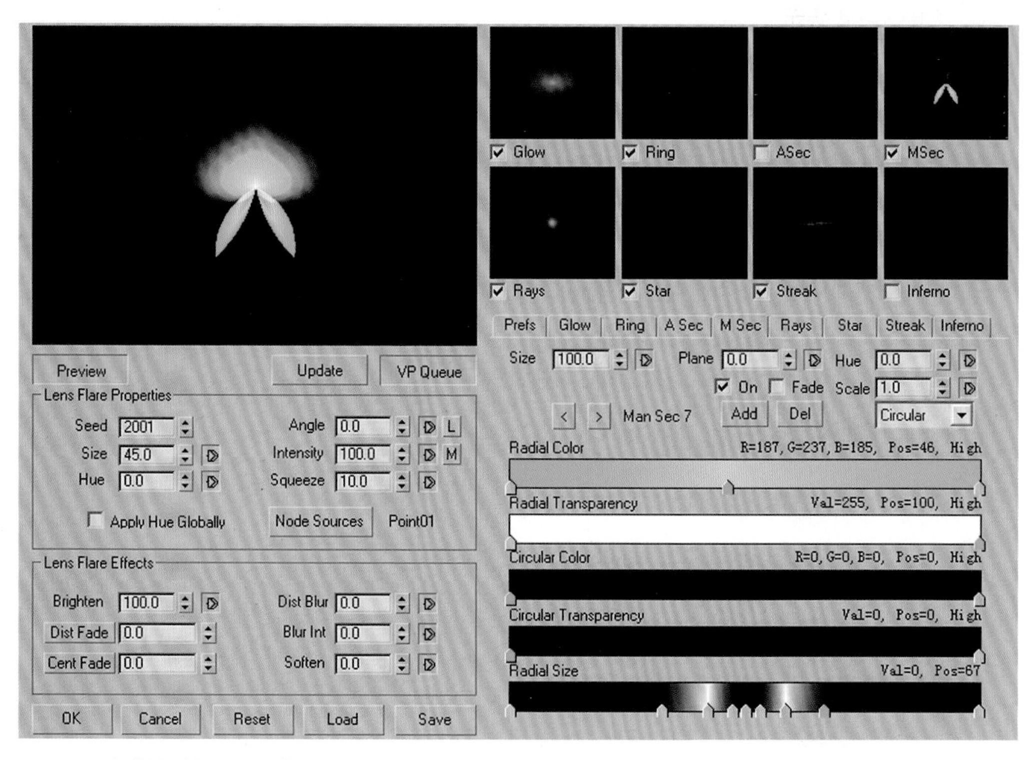

图 3-52　为仙桃增加一对绿叶

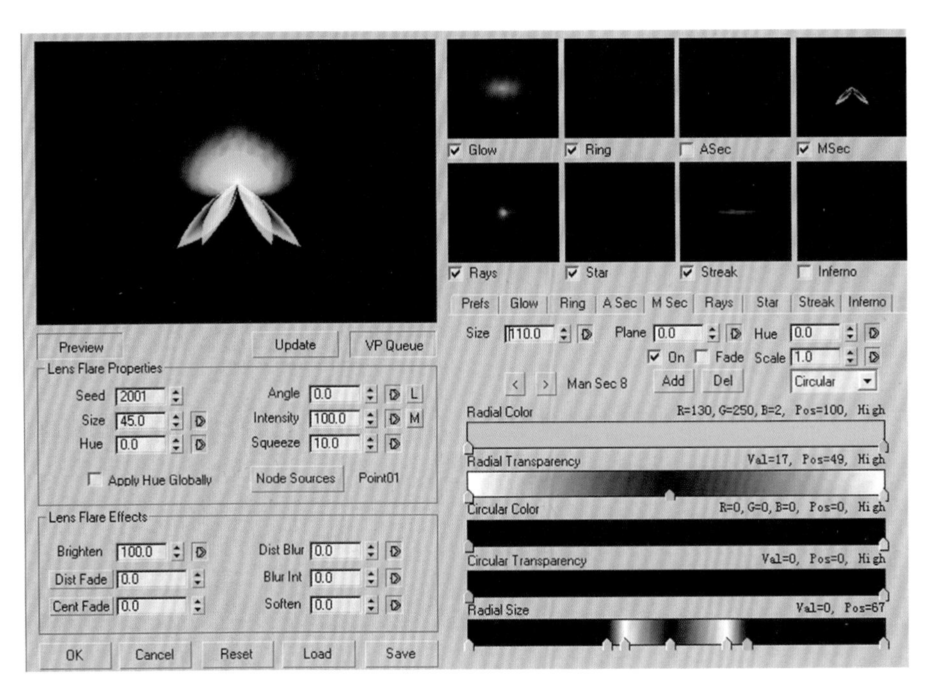

图3-53 为仙桃增加第二对绿叶

（12）继续点击按钮 Add ，为场景增加一个光斑Man Sec 9，调整其参数，如图3-54所示。

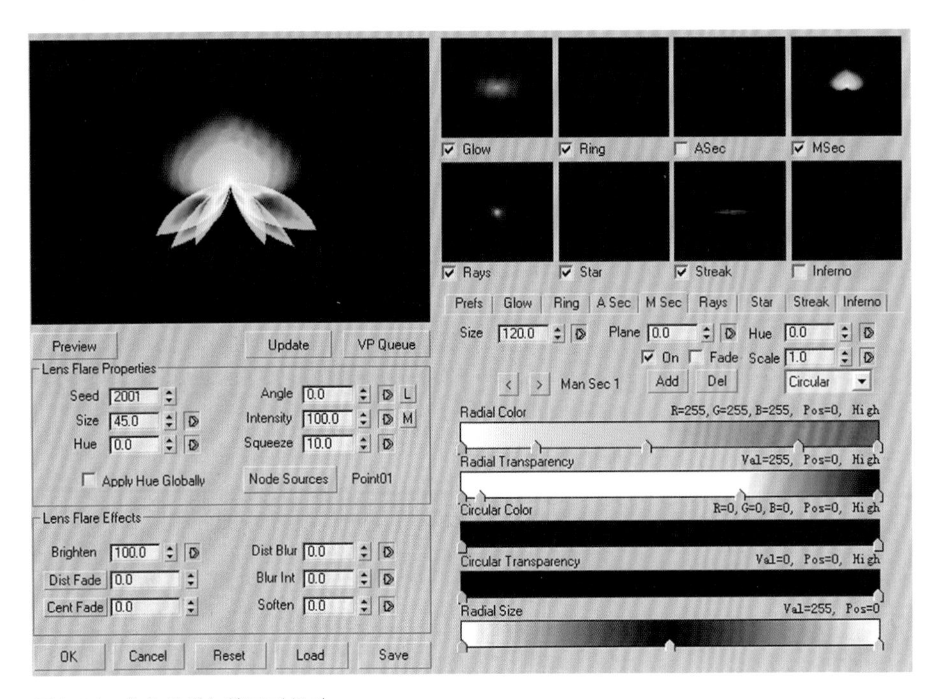

图3-54 为仙桃增加第三对绿叶

（13）点击按钮，确认选择为Man Sec 1，将Size的数值调整为0，依次将Man Sec 7、Man Sec 8、Man Sec 9 的Size数值都调整为0。

3.3.2 仙桃动画的制作

（1）点击动画控制区的Auto Key自动关键帧按钮将它开启，打开关键帧记录，选择Man Sec 7，点击关键帧按钮记录下第0帧，将时间滑块拨到第10帧，将Size的数值调整为100，点击关键帧按钮记录下第10帧，点击Auto Key自动关键帧按钮，关闭它。

（2）将时间滑块拨到第10帧，点击按钮，确认选择为Man Sec 8，点击Auto Key自动关键帧按钮将它开启，点击关键帧按钮记录下第10帧，将时间滑块拨到第20帧，将Size的数值调整为100，点击关键帧按钮记录下第20帧，点击Auto Key自动关键帧按钮，关闭它。

（3）将时间滑块拨到第20帧，点击按钮，确认选择为Man Sec 9，点击Auto Key自动关键帧按钮将它开启，点击关键帧按钮记录下第20帧，将时间滑块拨到第30帧，将Size的数值调整为110，点击关键帧按钮记录下第30帧，点击Auto Key自动关键帧按钮，关闭它。

（4）点击按钮，确认选择为Man Sec 1，将时间滑块拨到第30帧，点击Auto Key自动关键帧按钮将它开启，点击关键帧按钮记录下第30帧，将时间滑块拨到第100帧，将Size的数值调整为120，点击关键帧按钮记录下第100帧，点击Auto Key自动关键帧按钮，关闭它，点击ok确定。

（5）绿叶一片一片地打开，然后仙桃一点点长大的动画制作完成，点击Video Post面板的快速渲染按钮开始渲染并保存动画。

3.4 使用3D Studio Max制作灯泡模型并制作发光动画

Video Post（视频合成器）是3D Studio Max中的一个强大的编辑、合成与特效处理的工具。本节以制作灯泡模型并制作发光动画为例，介绍如何使用Video

Post制作多重发光特效动画，并使用Glow发光滤镜生成生动的动画材质效果。

3.4.1 灯泡基本形体建模

（1）启动3D Studio Max软件，选择下拉菜单File下的Reset命令，进行重置。

（2）点击建立物体按钮展开面板，在下面的工具栏点击平面物体按钮，选择Line线段命令，在Front视图建立一个Line01，如图3-55所示。

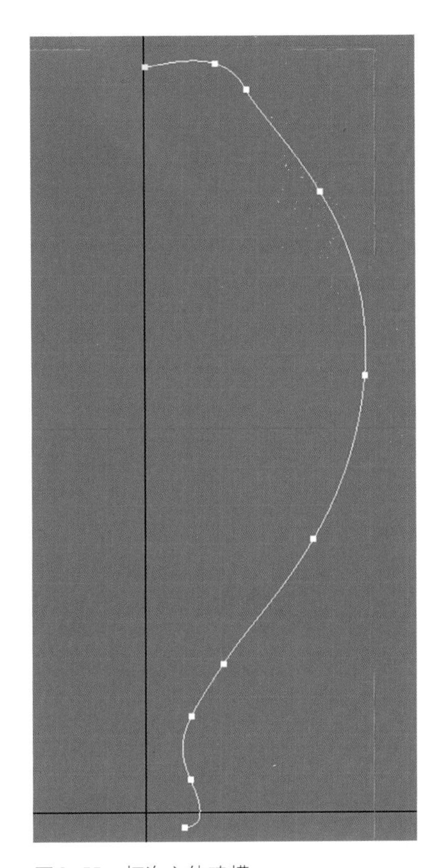

图3-55　灯泡主体建模

（3）点击修改物体按钮展开面板，点击Modifier List修改器列表将它展开，选择Lathe命令，在Parameters基本参数卷帘里勾选Weld Core焊接命令，并选择Min按钮，将Line01最小化对齐，将Segments片段数设置为50，如图3-56所示。

（4）在Front视图中绘制Line02，使用Lathe命令为灯头建模，如图3-57所示。

（5）同样在Front视图中绘制Line03，使用Lathe命令为灯丝的绝缘体建模，如图3-58所示。

（6）在Top视图中绘制Line04，点击修改器清单里的Line左边的展开次物体按钮并展开列表，选择Vertex节点层级，在视图中调整控制点，使其如图3-59所示。

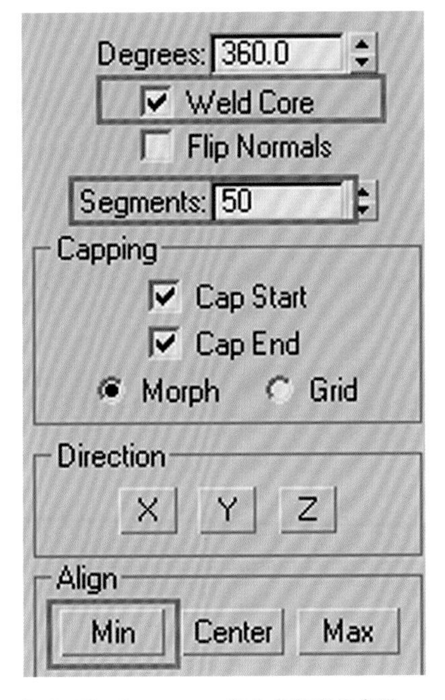

图3-56　Parameters基本参数面板参数

3.4.2 灯泡模型渲染

（1）选择Line01，按下键盘的M键打开材质编辑器。选择一个材质球，点击材质编辑器面板的，将当前材质标记给当

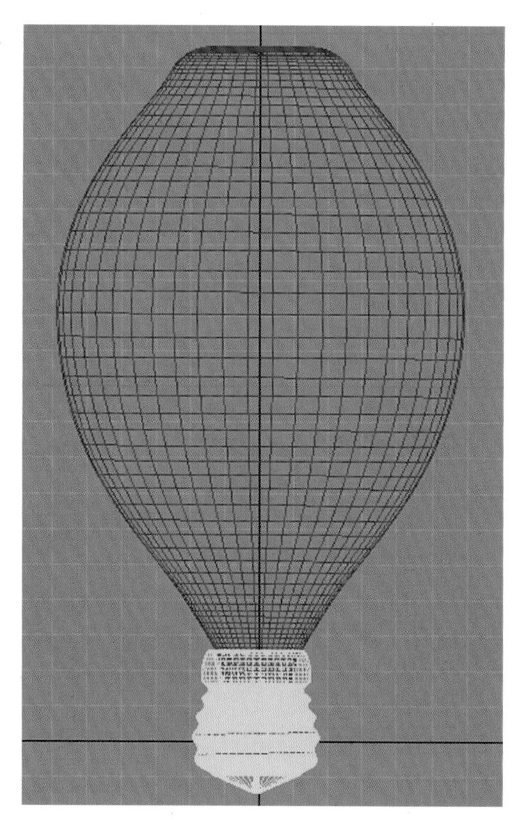

图3-57　灯头建模

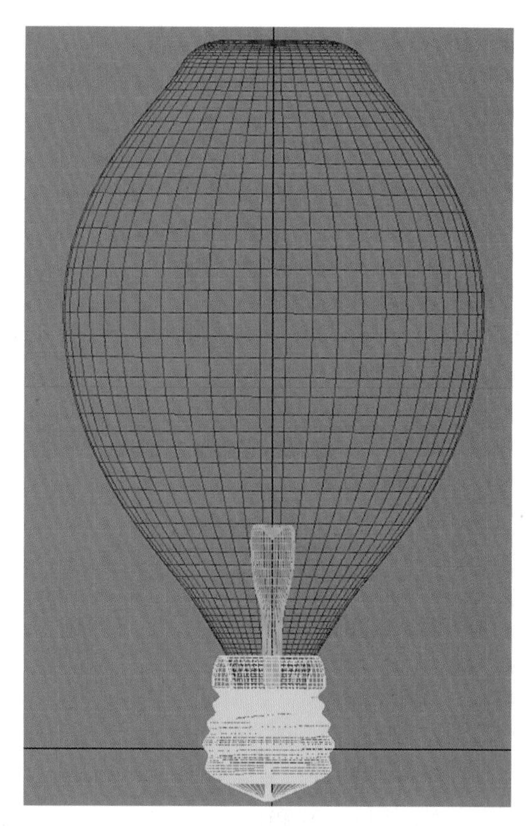

图3-58　灯丝绝缘体建模

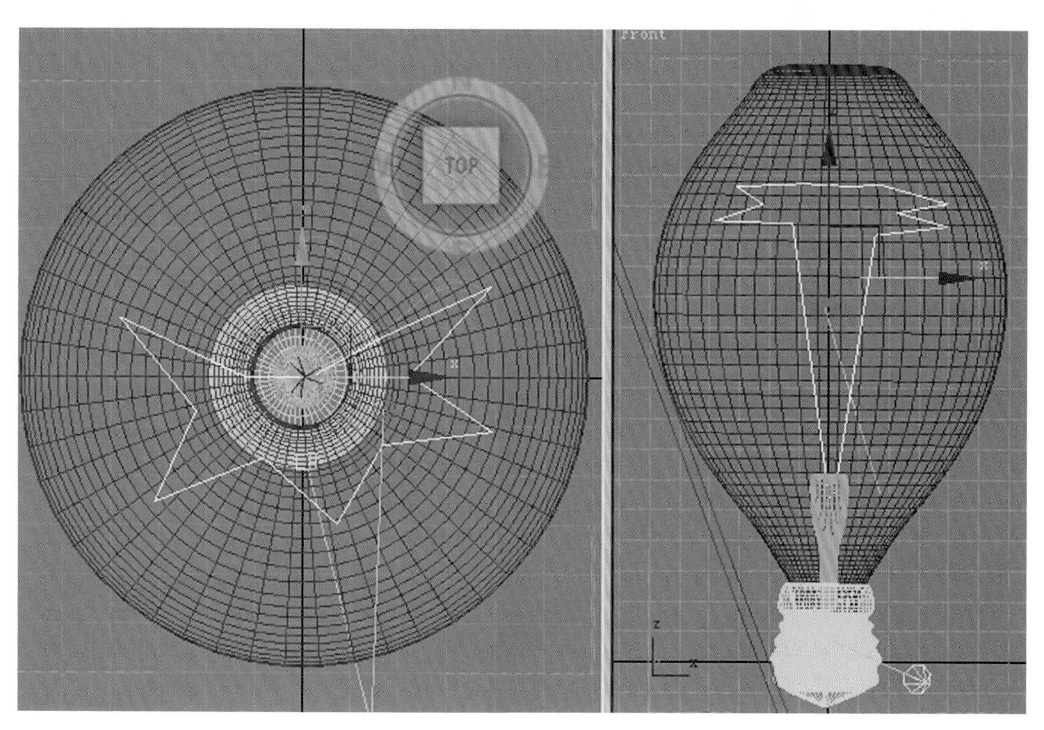

图3-59　灯丝建模

前所选的物体按钮，在材质编辑器点击Arch&Design(mi)建筑和设计材质按钮，打开材质类型菜单，在展开的菜单中选择Standard（标准材质类型）。

（2）在材质编辑器调整Diffuse（固有色）为浅蓝色，将自发光调整为40，其他参数如图3-60所示。

（3）在Extended Parameters扩展参数面板里将Amt的数值设为100，并勾选Additive，这样使灯泡看起来更为透明，如图3-61所示。

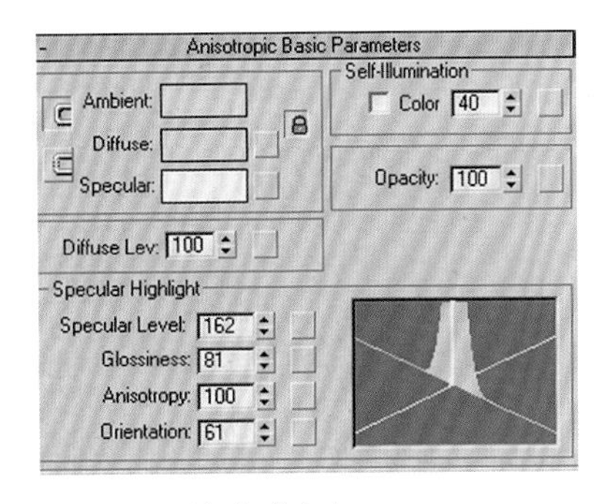

图3-60 编辑灯泡颜色

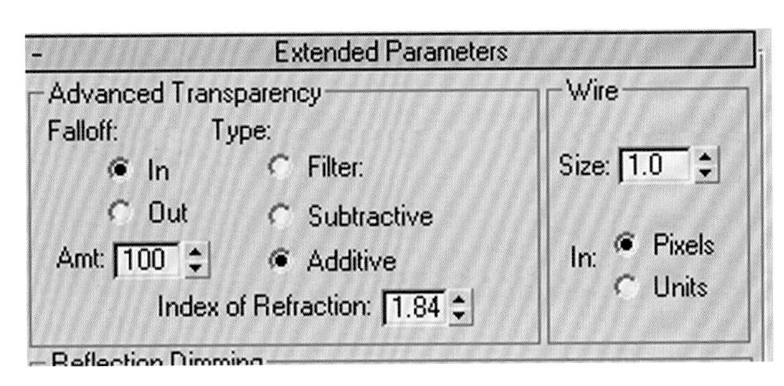

图3-61 调节灯泡透明度

（4）将Line02和Line03分别设置为金属和黑瓷材质，选择Line04再点击修改物体按钮展开面板，将Rendering卷帘窗下的Enable In Renderer可渲染属性勾选，将Thickness的数值调整为0.2，在材质编辑器调整Diffuse固有色为白色，将自发光调整为100，如图3-62所示。

图3-62 灯泡模型渲染

3.4.3 灯泡模型发光动画的制作

（1）为灯丝Line04设置Glow（发光滤镜动画），确认Line04为选择状态，点击鼠标右键，在弹出的Object Properties（物体属性面板）将Object ID的值设置为1，点击OK确定。

（2）在下拉菜单点击Rendering选

择下面的Video Post命令，在Video Post面板点击增加场景按钮，新增一个场景。点击特效按钮，为场景增加一个新的特效，在弹出的菜单选择Lens Effects Glow（镜头发光特效），点击OK确定。再次点击特效按钮，在弹出的菜单选择Lens Effects Glow（镜头发光特效），点击OK确定。再一次点击特效按钮，选择Lens Effects Glow（镜头发光特效），点击OK确定。这样就为灯丝Line04设置了三个发光特效，如图3-63所示。点击输出按钮，在弹出的菜单里点击Files为特效的输出确定名称、保存地点和格式，点击OK确定。这里要说的是可以将输出格式设为AVI或JPG。

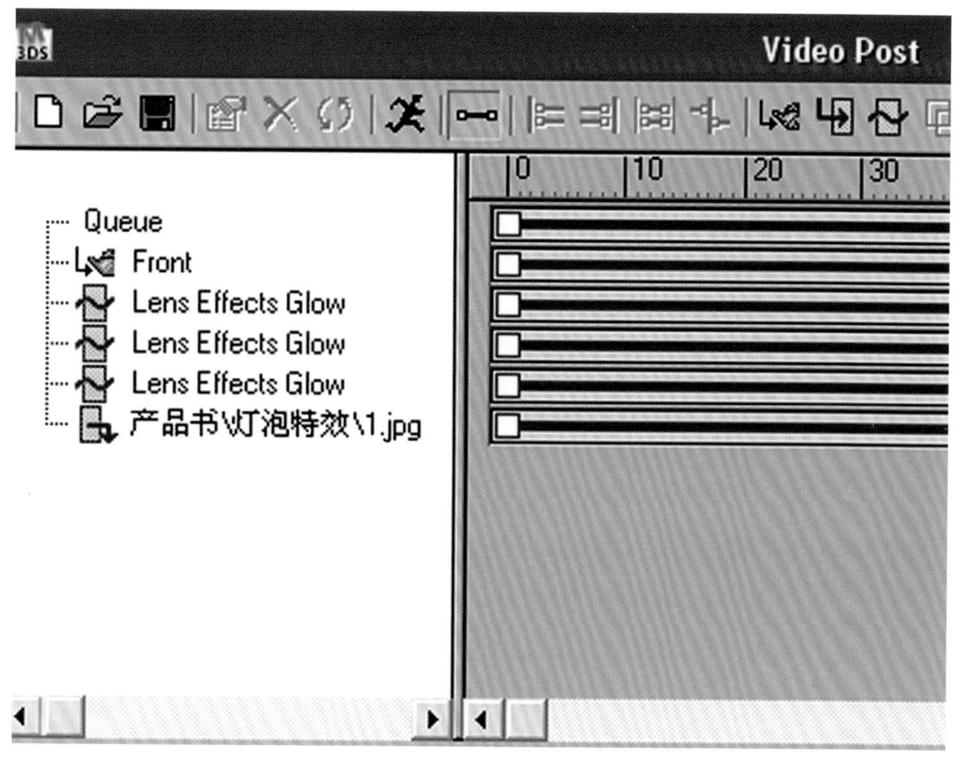

图3-63 为灯泡特效命名

（3）双击第一个Lens Effects Glow在弹出的菜单中选择Setup，打开Lens Effects Glow的参数面板，点击Preview预览，点击VP Queue更新序列，在Properties物体属性面板下的Object ID为勾选，数值为1。

（4）在Preferences面板的Color下勾选User并把颜色调整为白色，下面Intensity的数值调整为10，点击动画控制区的自动关键帧按钮将它开启，打开关键帧记录，点击关键帧按钮记录下第0帧，将时间滑块拨到第20帧，在Preferences面板把Effect特效下的Size尺寸的数值调整为12，Intensity的数值调整为50；点击关键帧按钮记录下第20帧，将时间滑块拨到第100帧，把Size尺寸的数值调整为15，点击关键帧按钮记录下第100帧，点击自动关键帧按钮Auto Key将它关闭，如图3-64所示。

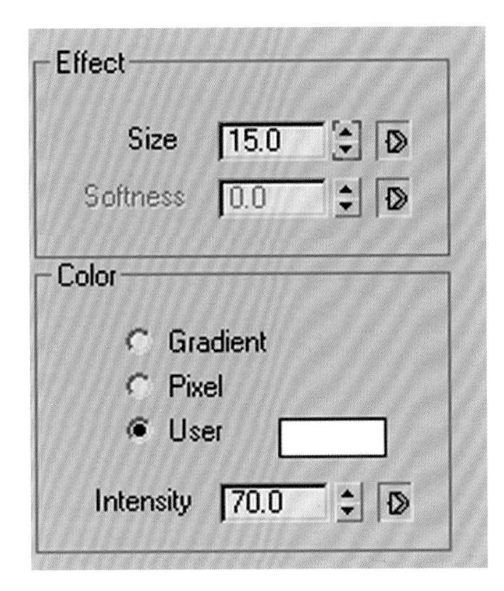

图3-64　灯泡发光动画设置参数一

（5）双击第二个Lens Effects Glow在弹出的菜单中选择Setup，打开Lens Effects Glow的参数面板，点击Preview预览，点击VP Queue更新序列，在Properties物体属性面板下的Object ID设置为勾选状态，数值为1。在Preferences面板的Color下勾选User并把颜色调整为白色，下面Intensity的数值调整为10，点击动画控制区的自动关键帧按钮Auto Key将它开启，打开关键帧记录，点击关键帧按钮记录下第0帧，将时间滑块拨到第20帧，在Preferences面板把Effect特效下的Size尺寸的数值调整为3；点击关键帧按钮记录下第20帧，将时间滑块拨到第100帧，把Size尺寸的数值调整为5，点击关键帧按钮记录下第100帧，点击自动关键帧按钮Auto Key将它关闭。

（6）双击第三个Lens Effects Glow在弹出的菜单中选择Setup，打开Lens Effects Glow的参数面板，点击Preview预览，点击VP Queue更新序列，在Properties物体属性面板下的Object ID设置为勾选状态，数值为1。在Preferences面板的Color下勾选User并把颜色调整为白色，下面Intensity的数值调整为20，Effect特效下的Size尺寸的数值调整为5，点击Inferno面板，在Settings下勾选Electric气态，勾选Red、Green、Blue。在Parameters下将Size尺寸的数值调整为10，点击动画控制区的自动关键帧按钮Auto Key将它开启，打开关键帧记录，点击关键帧按钮记录下第0帧，将时间滑块拨到第100帧，点击Inferno面板，在Settings下将Motion运动的数值调整为20，在Parameters下将Speed速度的数值调整为60，点击关键帧按钮记录下第100帧，如图3-65所示。

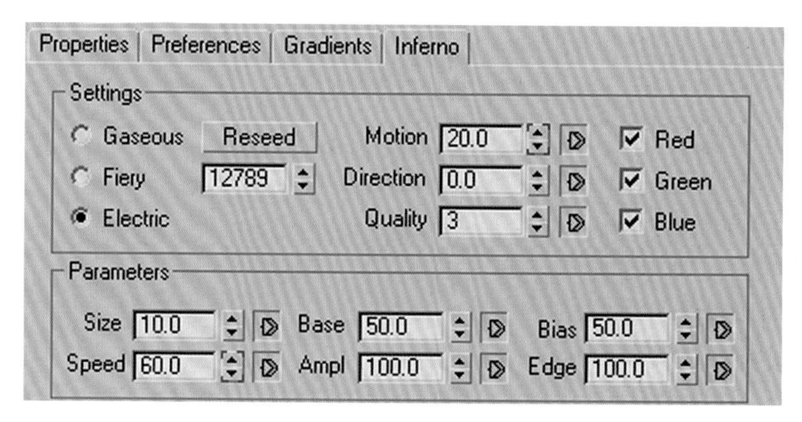

图3-65 灯泡发光动画设置参数二

（7）点击Video Post面板的快速渲染按钮开始渲染并保存动画，如图3-66所示。

图3-66 灯泡模型及发光动画效果图

3.5 使用3D Studio Max制作润滑油包装及动画

本节中，将详述3D Studio Max 的Mental Ray金属材质与Blend混合材质相配合贴图技法，通过定制的HDR位图来表现丰富的金属、塑料材质，并使用强大的Polygon技术创建容器与包装盒，实现PF粒子系统制作的动画效果。

3.5.1 润滑油包装瓶建模

（1）启动3D Studio Max软件，选择下拉菜单File下的Reset命令，进行重置。

（2）点击Customize自定义菜单，选择Units Setup命令，将系统单位和显示单位都设为毫米。

（3）点击建立物体按钮展开面板，在下面的工具栏点击平面物体按钮，建立一个Rectangle矩形参数，如图3-67所示。

（4）选择Modifier List里的Extrude命令，将Amount的数值设定为220。在Modifier List里点击右键选择Collapse All塌陷为Editable Mesh，重复右键塌陷为Editable Poly。按下数字键4打开次物体面编辑状态，通过Edit Polygons面板下的Extrude和Bevel命令、选择并且移动工具和缩放工具，把模型调节为如图3-68所示。

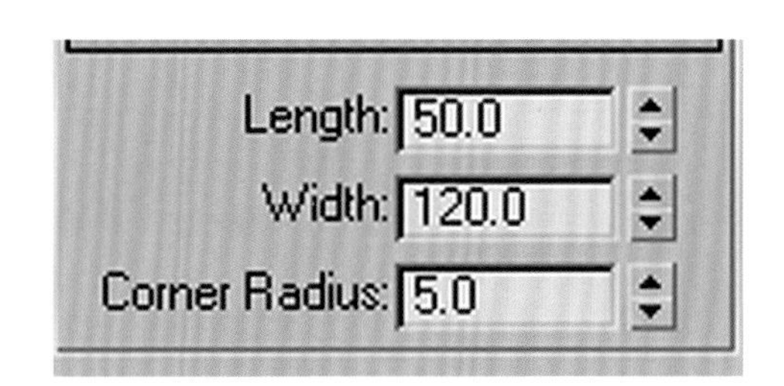

图3-67　润滑油瓶体矩形参数设置

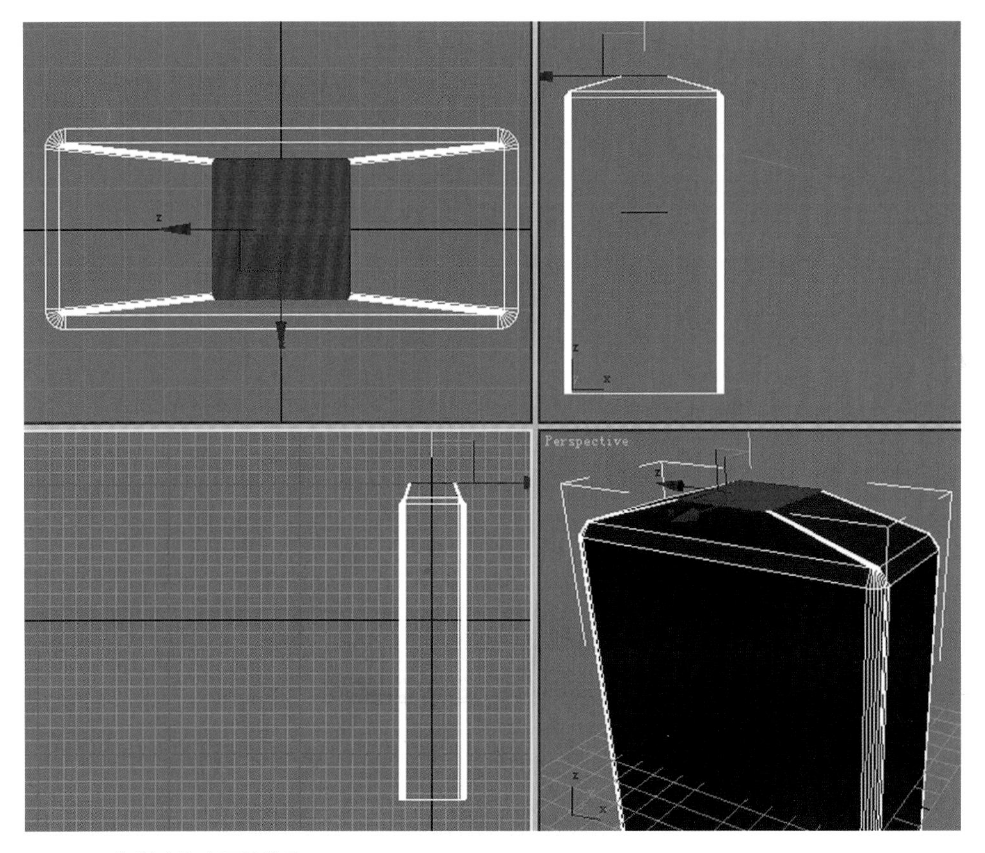

图3-68　润滑油瓶身调节效果

（5）按下数字键1进入Vertex节点次物体，分别选择模型顶部的4组节点，打开Edit Vertices面板下的Weld旁边的焊接阀值面板▣，调整Weld Threshold焊接阀值焊接节点，如图3-69所示。

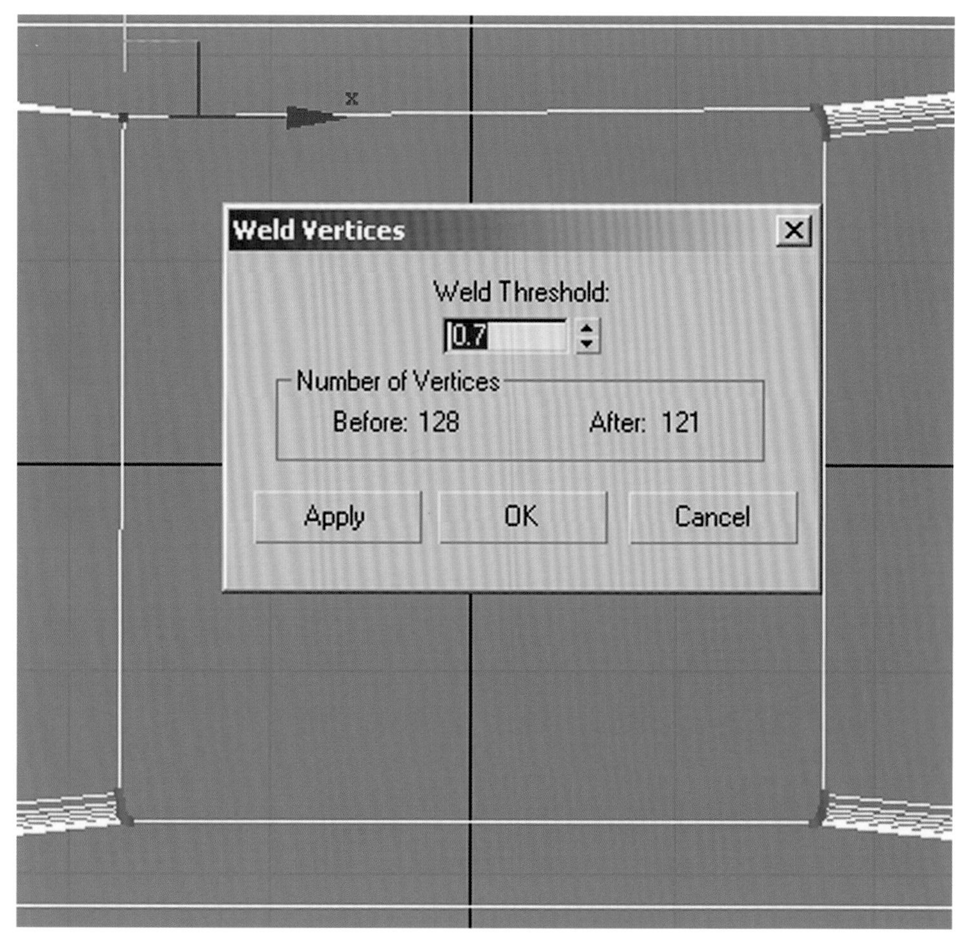

图3-69　焊接阀值焊接节点

（6）建立一个Cylinder圆柱体参数如图3-70所示。在选择并且移动工具按钮上点击鼠标右键将两个模型都放在视图中心，并调整好位置。

（7）选择其中一个模型点击建立物体按钮展开面板，在下面的工具栏点击建立立体物体按钮，选择Compound Objects混合物体下的Boolean布尔运算，选择Operation面板里的Union并集，按下Pick Operand B按钮，在场景中拾取另一个模型，如图3-71所示。

（8）在Modifier List里点击右键将Boolean物体塌陷为Editable Poly，按下数

字键4打开面次物体，选择瓶子口的面，按下键盘的Delete键将它删除。关闭次物体状态，在Modifier List里选择Shell壳命令，将它的Inner Amount数值设为1.2，如图3-72所示。

（9）为瓶子口开螺纹，点击建立物体按钮展开面板，在下面的工具栏点击平面物体按钮，选择Helix弹簧命令，在Top视图建立一个弹簧，参数如图3-73所示。并通过选择并且移动工具将它放置在瓶口位置。

（10）选择瓶子在Modifier List上面将它的名字改为PZ01，在Modifier List下点击右键，选择塌陷为Editable Poly，按下数字键1打开节点次物体级，在Selection面板下勾选Ignore Backfacing忽略背面，通过Edit Geometry面板下的Cut切割命令，沿螺旋线切割PZ01，如图3-74所示。

（11）在Front视图的字上点击右键选择Views下的Back视图继续切割，在Left视图和Right视图完成切割，并适当调整，如图3-75所示。

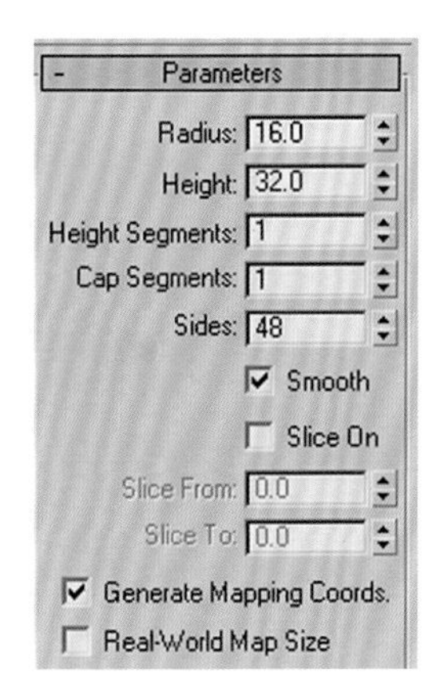

图3-70 圆柱体参数

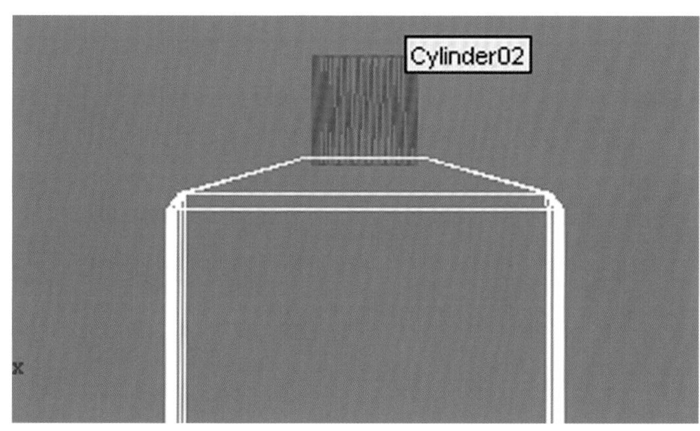

图3-71 布尔运算结果

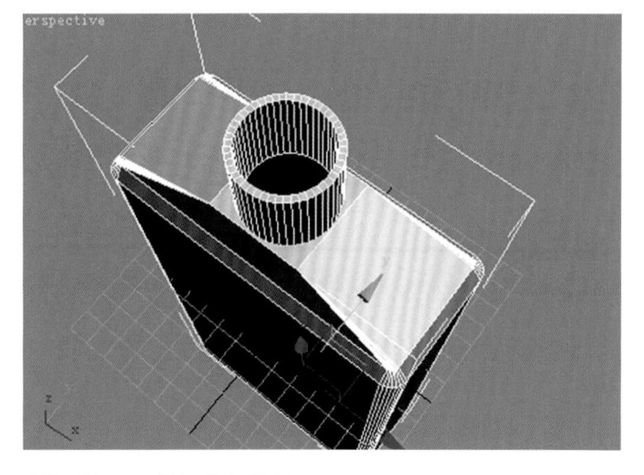

图3-72 Shell壳命令效果

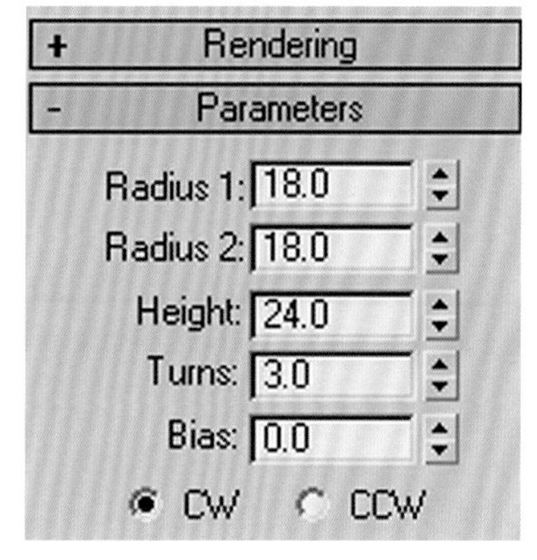

图3-73 润滑油瓶口建模参数

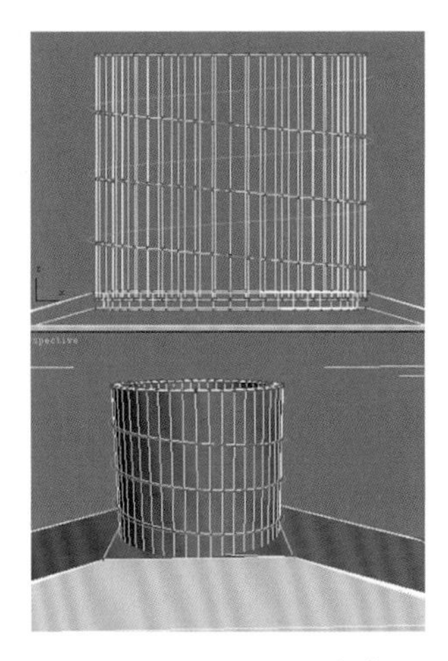

图3-74 润滑油瓶口螺旋效果

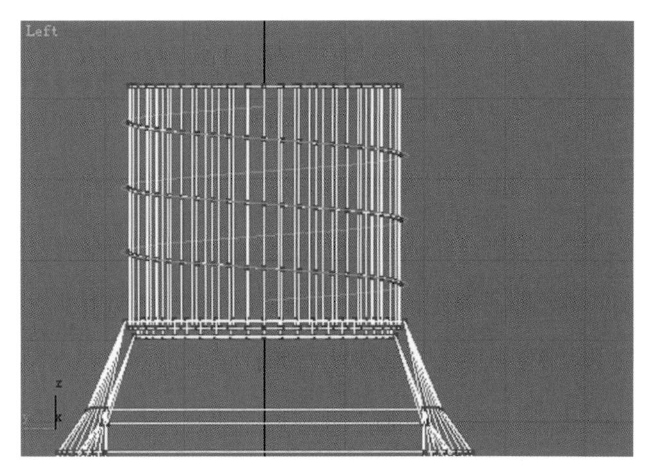

图3-75 节点调整

（12）按下数字键2进入边次物体级，选择刚才完成的切割线，注意不要多选，多选了可以按住Alt键减选。选择Edit Edges面板下的Chamfer细分命令，细分成如图3-76所示。

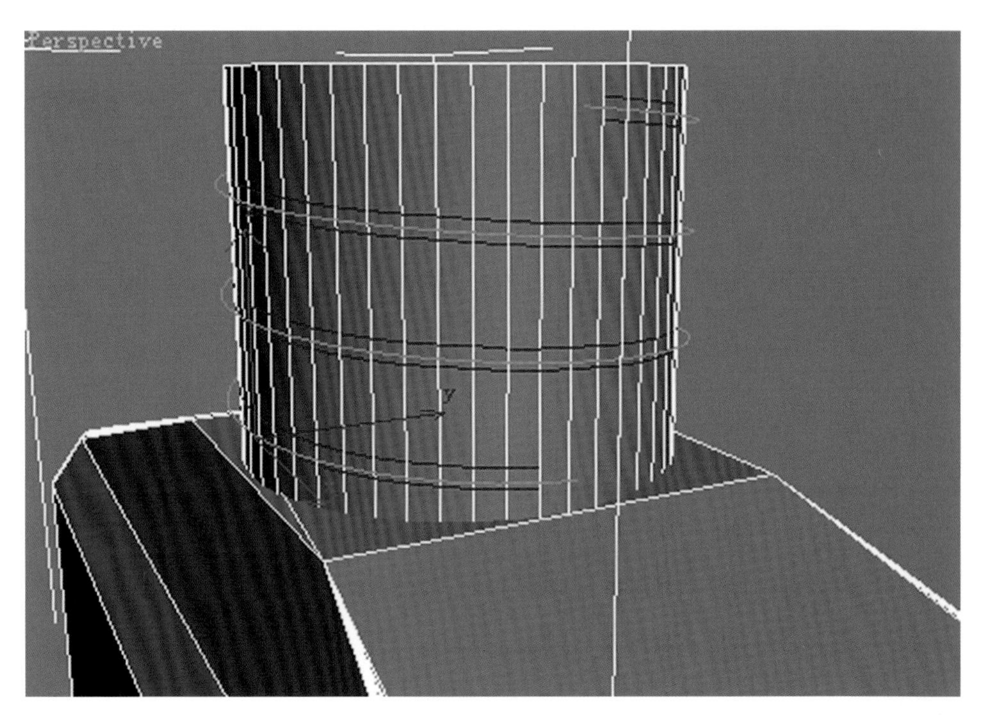

图3-76 Chamfer细分结果

（13）按下数字键4进入面次物体级，按住Ctrl加选刚才细分的面，配合Alt+

鼠标中键观察模型，确认所选无误后，按下Edit Polygons面板下的Extrude边上的参数命令面板▣，挤出螺纹，参数选择及效果如图3-77所示。

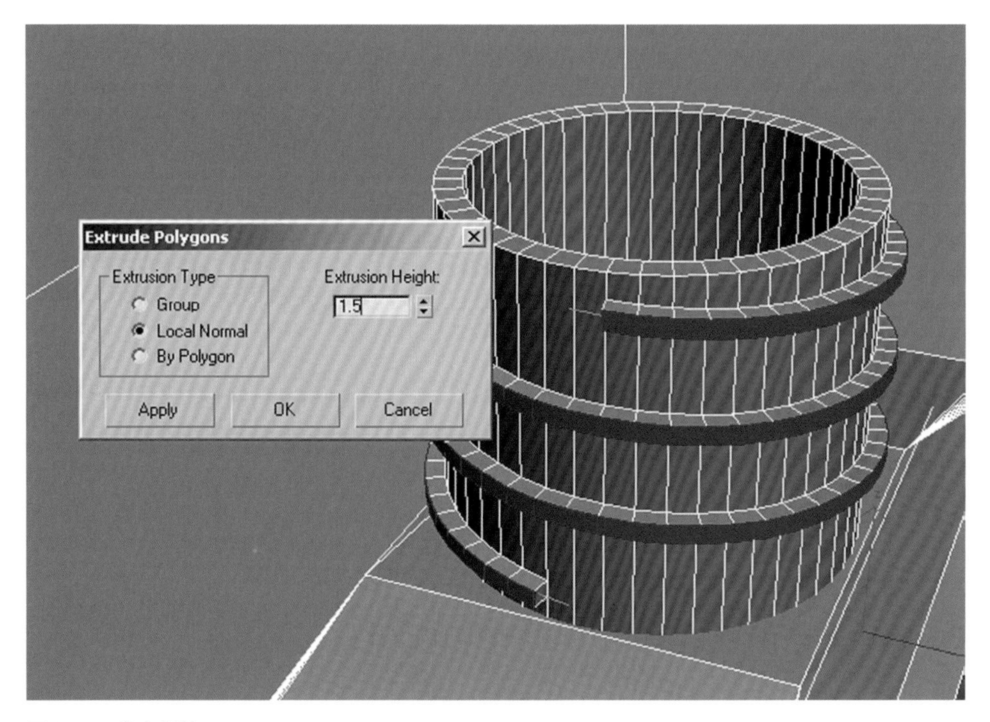

图3-77　挤出螺纹

（14）按下数字键1进入节点次物体级，选择螺纹头尾的节点通过Edit Vertices面板下的Target Weld命令焊接节点，并加以调整为如图3-78所示。

（15）选择Edit Geometry面板下的Slice Plane切片命令，在瓶子口的上沿和下沿分别切割4次，定下位置后需按下Slice Plane下面的Slice命令，完成切割。然后按下Edit Polygons面板下的Extrude边上的参数命令面板▣，挤出螺纹，参

图3-78　焊接节点

数选择及效果如图3–79所示。

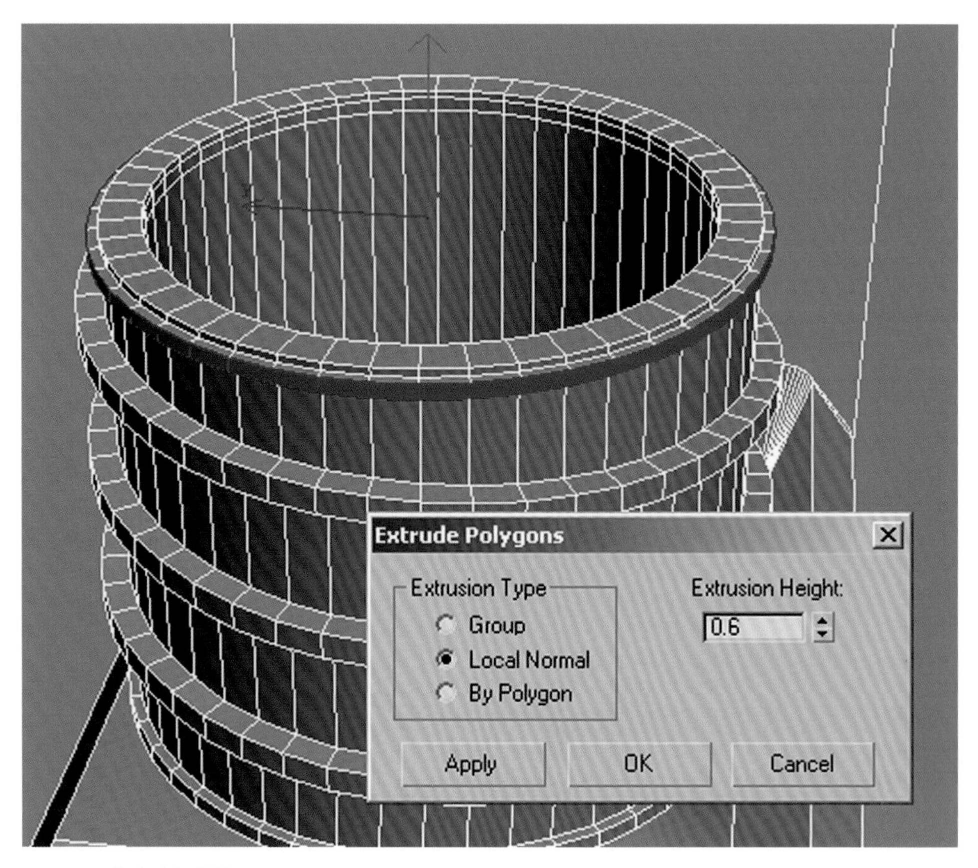

图3–79 挤出上部螺纹

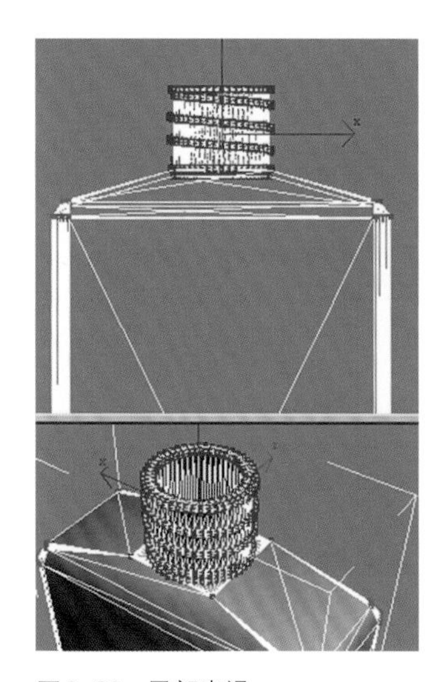

图3–80 局部光滑

（16）光滑和优化模型PZ01，按下数字键7关注模型精度。选择Modifier List里的HSDS命令，先进行一次整体光滑，按下数字键1进入节点次物体层级，选择如图3–80的节点，按下Subdivide按钮进行局部光滑。

（17）关闭次物体层级，选择Modifier List里的MultiRes多精度命令，点击Generate应用按钮，将Vert Percent百分比值调整为20。塌陷模型为Editable Poly。

（18）点击建立物体按钮展开面板，在下面的工具栏点击平面物体按钮，选择面板下的Circle圆形按钮，在顶视图建立一个圆形Radius为19，右键点击选择并移动按钮，将它放置在视图中心，在Modifier List下点击右键将它塌陷为Editable Spline可编辑样条，按下数字键2打开Segment线段层级，选择全部4条线段，在Geometry面板下将Divide拆分命令后面的数值调整为60，按下Divide按钮。

（19）按下数字键3打开多边形次物体层级，选择多边形并在Geometry面板下将Outline后面的数值调整为2，按下Outline按钮。重复刚才的步骤，这次的数值为1。这样得到3条圆形的多边形。选择中间的一条并在Geometry面板下点击Detach默认名称Shape01将它分离出去。

（20）关闭次物体层级，选择Modifier List里的Extrude将Amount数值调整为1.5。

（21）选择分离出去的Shape01样条线，按下对齐按钮与它进行对齐，参数如图3-81所示，并按下Shift键+左键拷贝一个，留作后续操作使用。接下来按下数字键1打开Vertex节点次物体层级，将节点全选后点击右键，在弹出的面板中选择Corner角点。

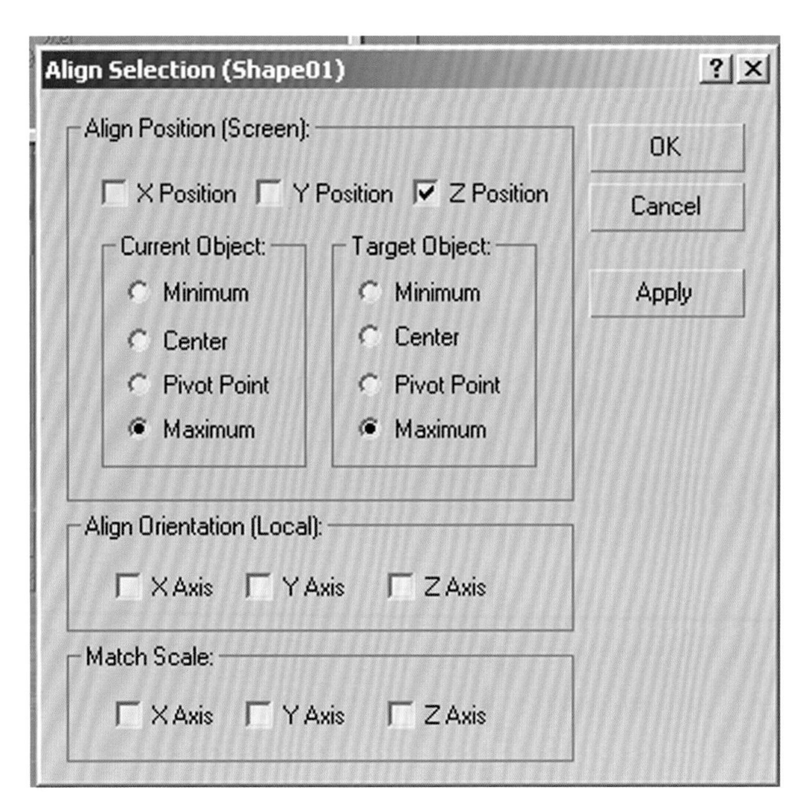

图3-81　Corner角点选择

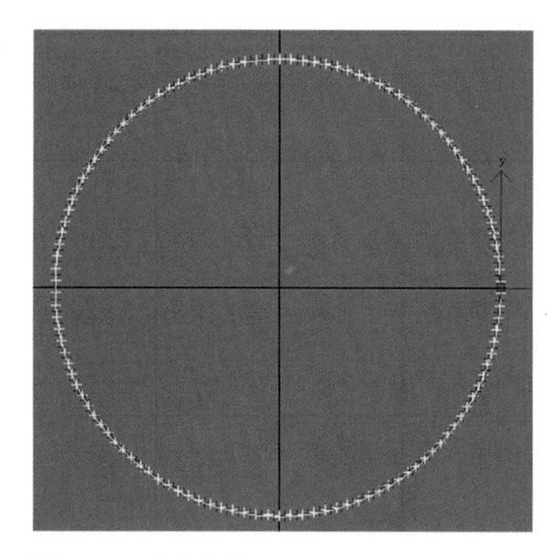

图3-82 节点选择

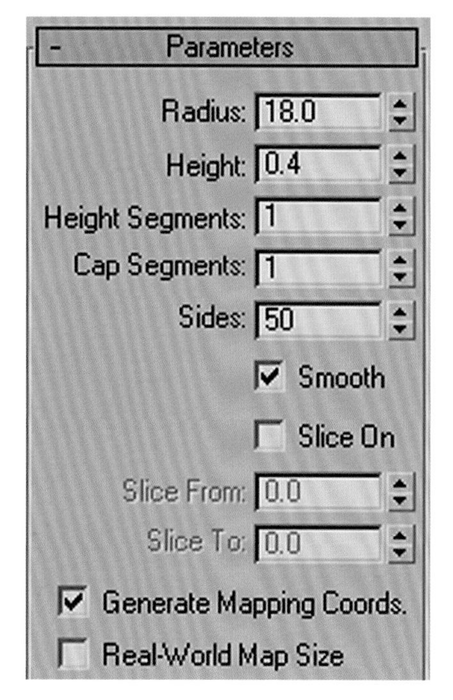

图3-83 圆柱参数

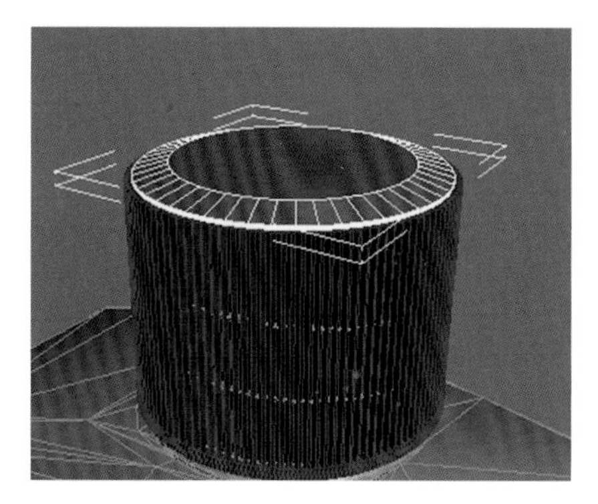

图3-84 Bevel命令倒角效果

（22）在Top视图通过点击选择按钮配合Ctrl键和鼠标中键按间隔选定节点，如图3-82所示。

（23）按住物体轴心按钮，将它切换为物体共用轴心按钮，并通过缩放工具对所选节点进行适当缩放，在Geometry面板下点击Attach命令把刚才拷贝的圆形结合进来。选择Modifier List里的Extrude命令，将Amount数值调整为27。

（24）点击建立物体按钮展开面板，在下面的工具栏点击平面物体按钮，选择面板下的Cylinder命令建立一个圆柱，参数如图3-83所示。

（25）通过对齐按钮将它对齐到瓶盖的顶部，并塌陷为Editable Poly，按下数字键4进入面次物体层级，选择顶面通过Bevel命令倒角，如图3-84所示。

（26）关闭次物体层级，按下Edit Geometry面板下的Attach命令把瓶盖的另外两部分结合进来。

3.5.2 润滑油包装盒建模

（1）点击建立物体按钮展开面板，在下面的工具栏点击平面物体按钮，选择面板下的Rectangle按钮，建立一个矩形，参数如图3-85所示。按住Shift键+左键拷贝两个留作后用。选择Modifier List里的Extrude将Amount数值调整为5，并将它塌陷两次成为Editable Poly，按下数字键4进入面次物体层级，选择顶面删除它，关闭次物体层级，选择Modifier List里的Shell壳命令，取默认值，完成底座的制作。

（2）选择另一个矩形重复刚才的步骤，用对齐工具对齐底座Amount数值为230，塌陷后将顶面和底面删除。选择最后一个矩形重复刚才的步骤并将矩形的数值调整为如图3-86所示。拉伸塌陷后将底面删除，并在Modifier List里选择Shell壳命令，取默认值，完成包装盒的制作。

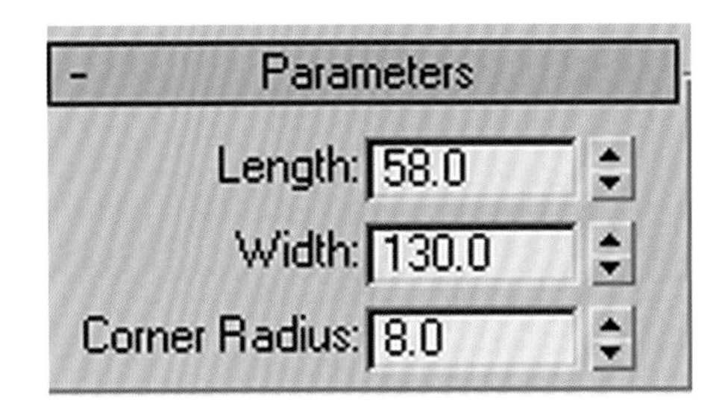

图3-85 润滑油包装盒矩形参数

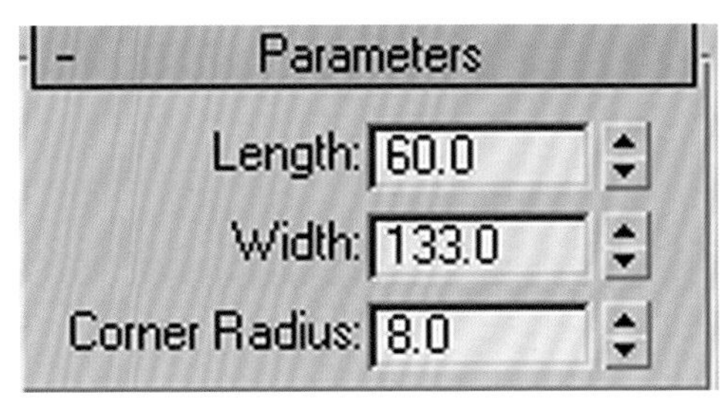

图3-86 Shell壳命令参数

3.5.3 润滑油包装模型渲染

（1）点击渲染设置按钮打开场景渲染面板，在Common面板下点击Assign Renderer展开标记渲染器面板，在Production产品级旁边的上点击，在弹出的Choose Renderer面板中确认选择mental ray Renderer渲染器。接下来为PZ01设置Shellac虫漆材质，按下键盘的M键打开Material Editor材质编辑器，选中一个新的材质球并在材质编辑器点击Arch&Design(mi)建筑和设计材质按钮，打开材质类型菜单，在弹出的Material/Map Browser 面板中选择Shellac虫漆材质，点击Base Material旁边的方框，参数设置如图3-87所示。

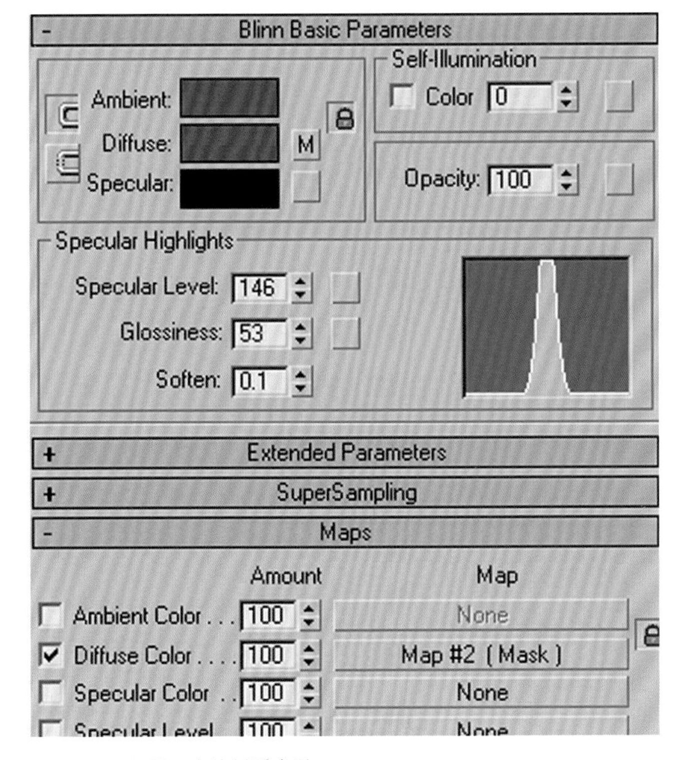

图3-87 Shellac虫漆材质参数

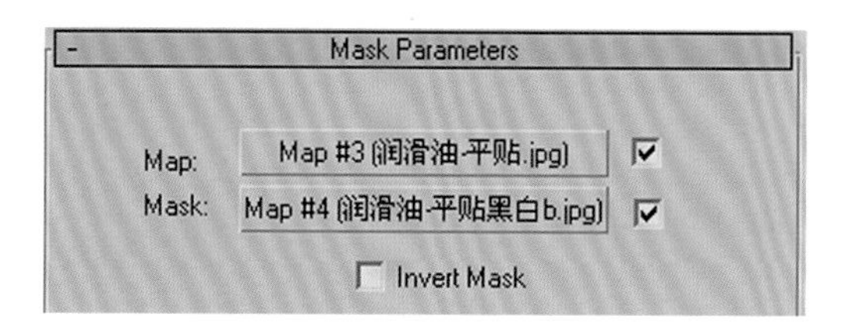

图3-88 Mask遮罩参数

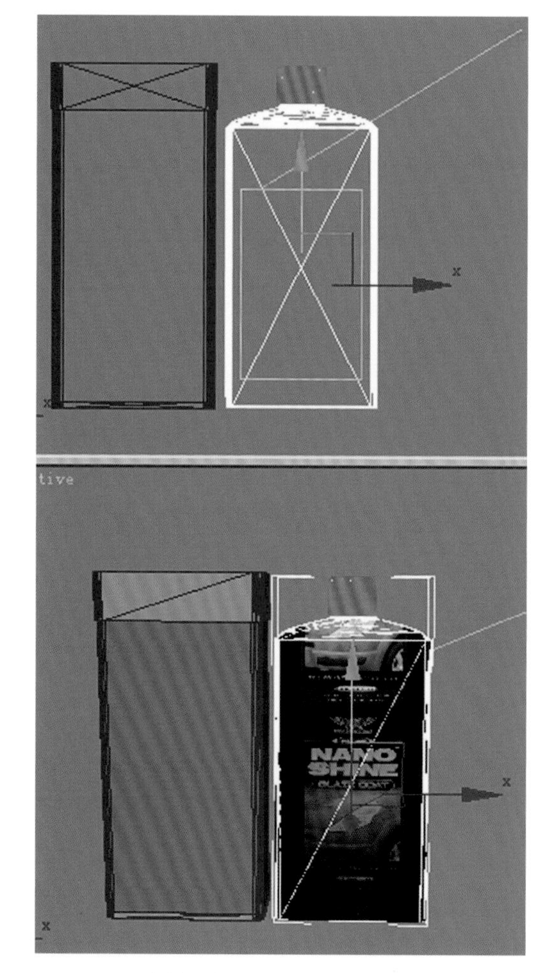

图3-89 图像的大小调整

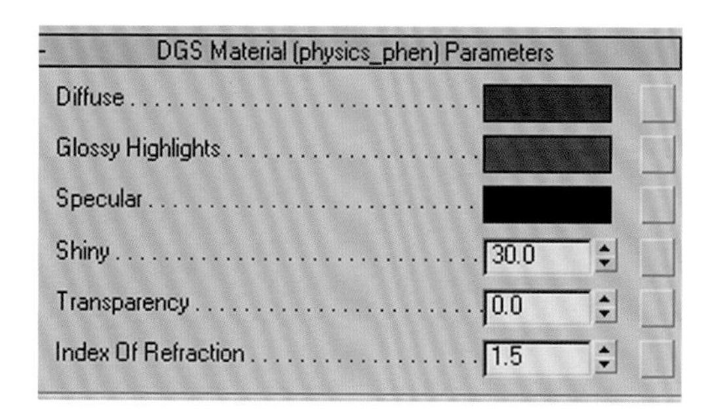

图3-90 DGS Material(physics_phen)材质参数

（2）Diffuse Color设置一个Mask遮罩，如图3-88所示。记得要把两个贴图层级下的U、V方向Tile重复勾掉。

（3）选择PZ01在Modifier List里的选择UVW Mapping命令，为模型添加贴图坐标。按下数字键1进入次物体层级，点击打开角度锁定按钮，通过旋转按钮将贴图坐标调整到如图3-89所示的位置，并通过Parameters面板下的Bitmap Fit按钮匹配原始图像的大小。

（4）选择瓶盖，选中一个新的材质球并在Standard按钮点击，在弹出的Material/Map Browser 面板中选择DGS Material(physics_phen)材质，参数如图3-90所示。

（5）在场景中按下Ctrl+C建立摄像机并在摄像机左右两侧分别新建三盏灯光（Create/Lights）mr Area Omni，都关闭投影，主灯颜色为R=218、G=218、B=218，Multiplier倍增为1，辅助光源的颜色设为R=188、G=188、B=188，Multiplier倍增为0.5，背光颜色设为R=175、G=180、B=211，Multiplier倍增为0.5。位置如图3-91所示，渲染效果如图3-92所示。

（6）为金属包装盒制作材质。选择所有的包装盒，按下键盘的M键打开Material Editor材质编辑器。

（7）选中一个新的材质球，在A&D材质中按下选择Matte Finis 在Main material Parameters参数面板将Diffuse面板下的Color和Reflection面板下的 Color 稍作调节，Reflectivity反射度可以调到最高的1，如图3-93所示。

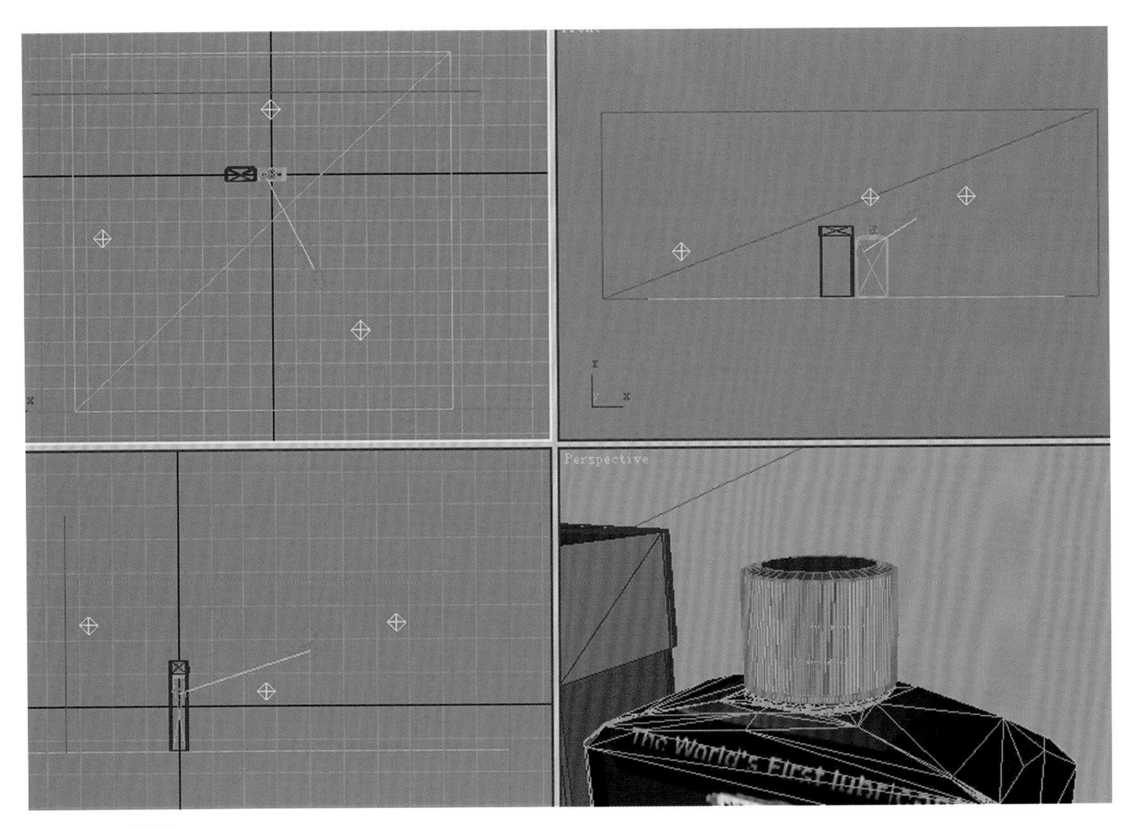

图3-91　光源位置

图3-92　渲染效果

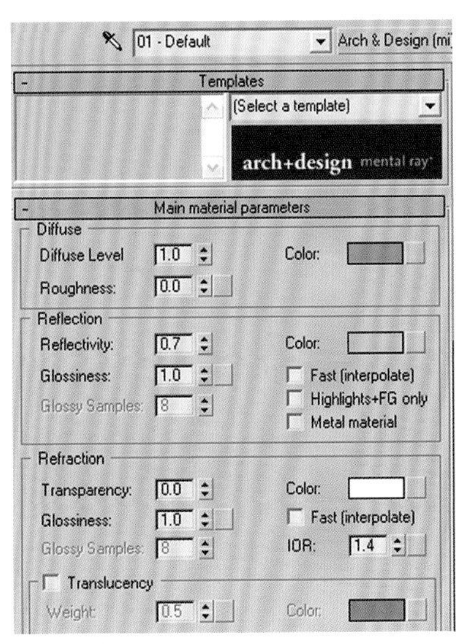

图3-93　反射度参数

（8）选中包装盒的中间部分并选一个新的材质球赋予它并点击Arch&Design(mi)建筑和设计材质按钮，在弹出的Material/Map Browser面板中选择Blend混合材质，将刚才做好的Metal(lume)金属材质拖拽到Material 1上，如图3-94所示。

（9）在Material 2上点击为Diffuse固有色添加一个贴图并将U、V方向的Tile重复关掉，如图3-95所示。

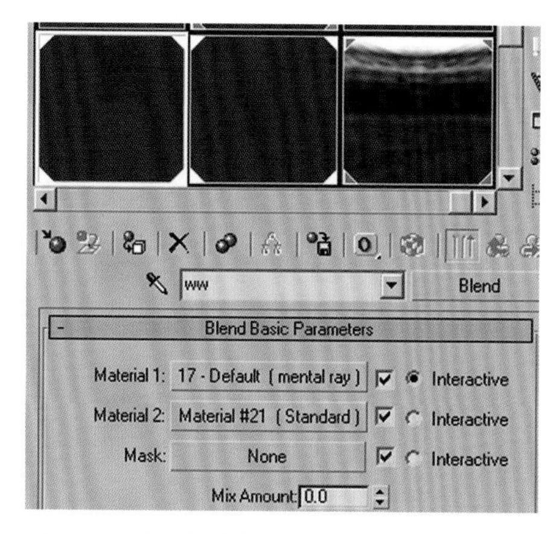

图3-94 金属材质参数

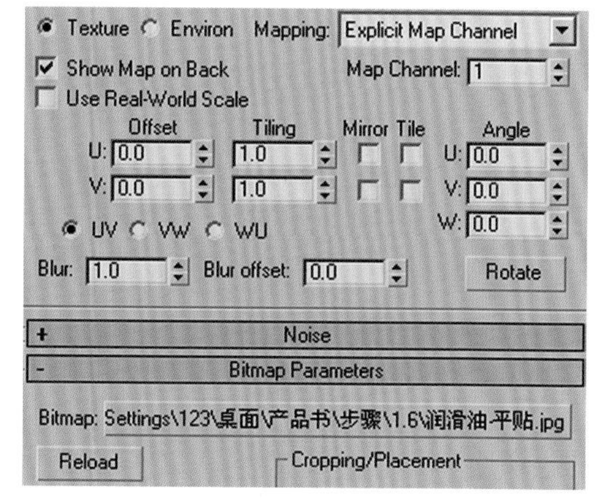

图3-95 贴图U、V参数

（10）按下两次回到上一级按钮，回到顶级材质设置面板，在Mask边上的None点击，选择Bitmap位图，添加一张黑白遮罩并将U、V方向的Tile重复关掉，如图3-96所示。

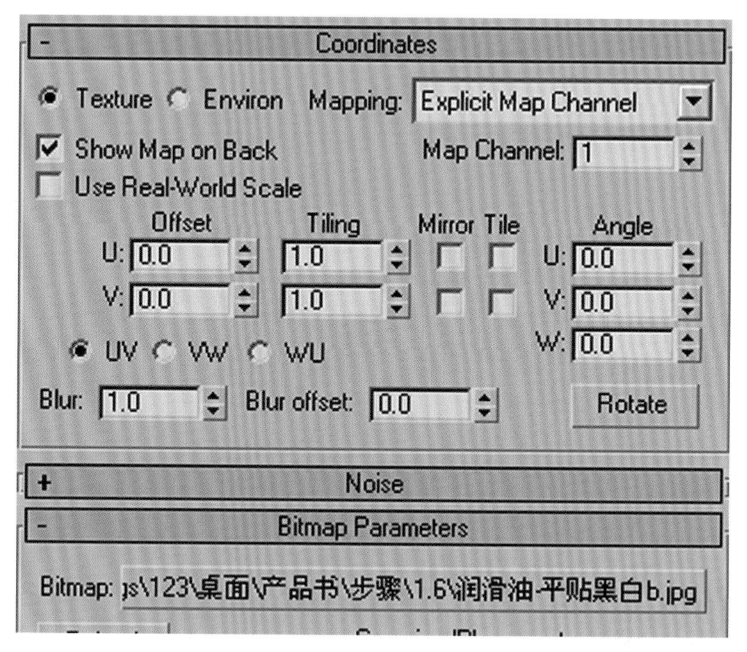

图3-96 Bitmap位图U、V参数

（11）在Modifier List里选择UVW Mapping命令，为模型添加贴图坐标。按下数字键1进入次物体层级，点击打开角度锁定按钮，通过旋转按钮将贴图坐标调整到平贴包装盒的位置，并通过Parameters面板下的Bitmap Fit按钮匹配原始图像的大小。

（12）选择地板，选一个新的材质球并赋予地板，点击打开Maps面板勾选Reflection将数值调节为25并在通道的None上点击，在弹出的Material/Map Browser面板中选择Flat Mirror镜面材质，在其参数面板勾选Apply to Faces with ID，勾选Use Built-in Noise，将Distortion Amount调节为2，使地面的投影更为自然。

（13）最后在渲染场景面板中找到Renderer面板，在Sampling Quality采样品质面板将参数调整到如图3-97所示。

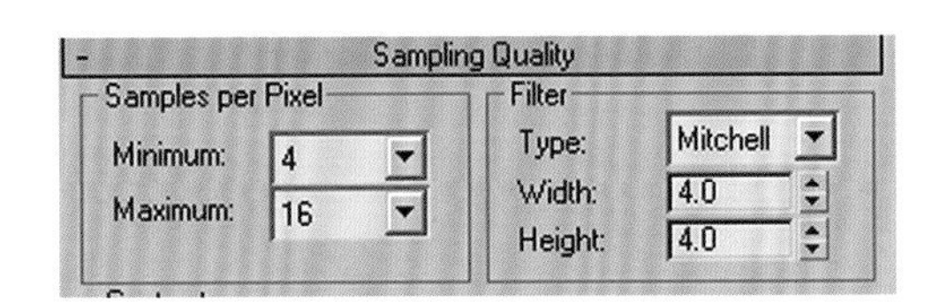

图3-97　Sampling Quality采样品质参数

（14）调整摄像机试图，渲染场景，如图3-98所示。

图3-98　渲染效果

3.5.4　润滑油包装动画制作

本节介绍如何利用3D Studio Max中的PF粒子系统来制作润滑油包装动画效果。

3.5.4.1　润滑油包装动画基础设置

（1）将场景中暂时不用的物体隐藏，如图3-99所示。

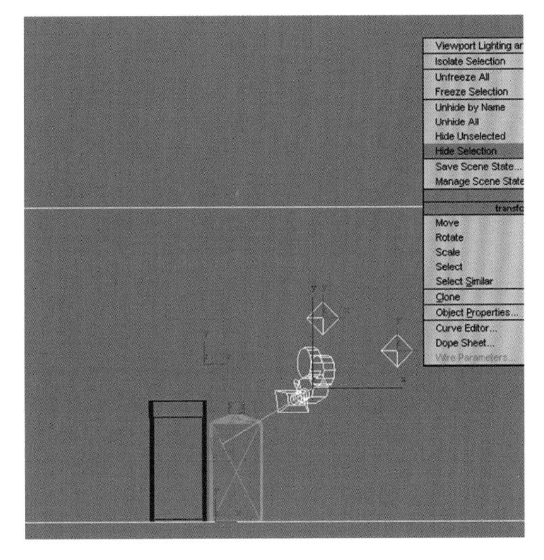

图3-99　物体隐藏

（2）分别选择场景中的物体，点击右键，选择Convert To/Convert to Editable Poly将物体转化为Poly物体，如图3-100所示。

（3）选择PZ01瓶身，点击修改物体按钮进入它的修改面板后，点击下面的Attach按钮，在视图中点选Cylinder01瓶盖，将它们结合起来，在弹出的材质菜单默认选择OK。

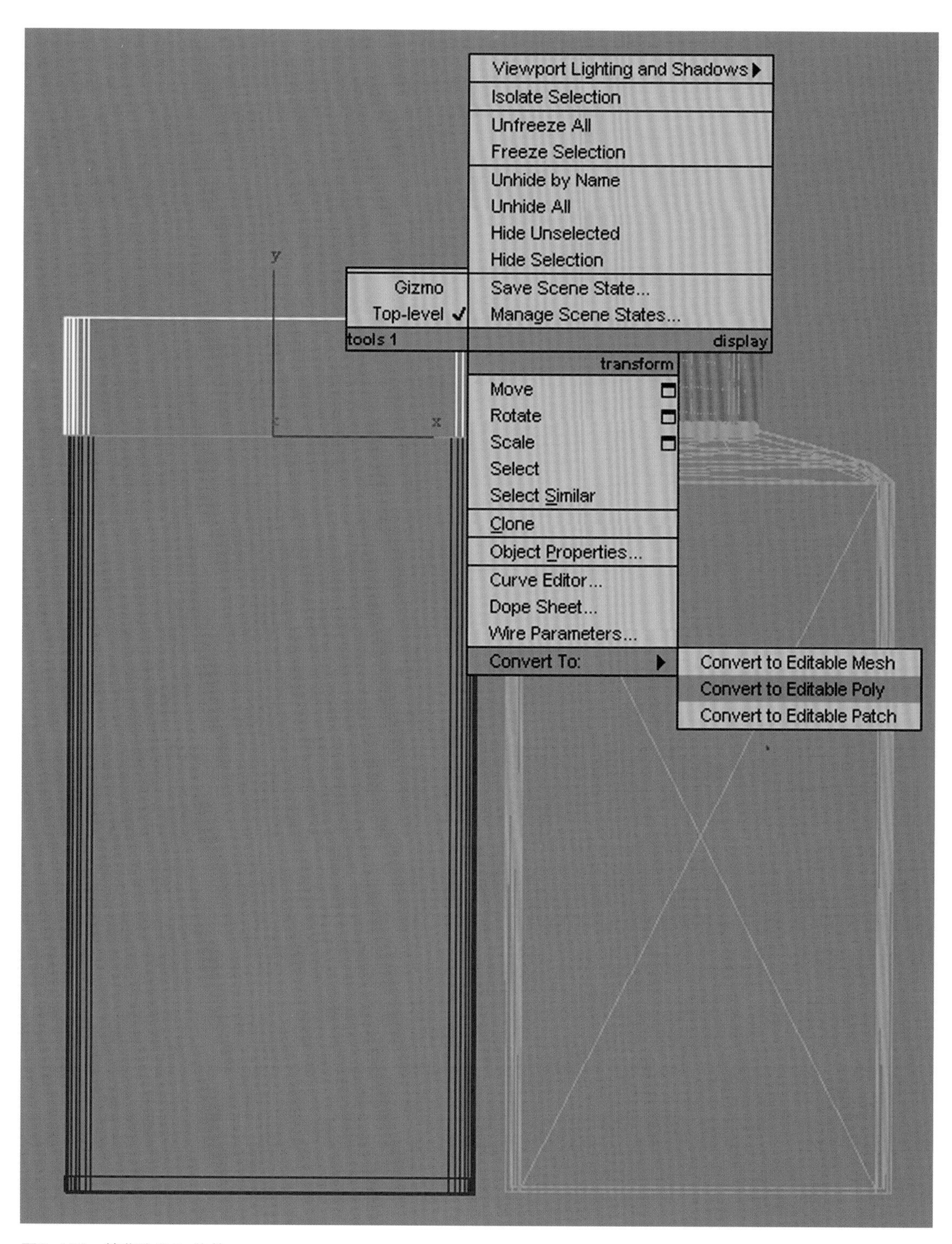

图3-100 转化为Poly物体

（4）在修改面板将它的名字更改为Pingzi。

（5）选择Rectangle02盒子的中间部分，依然使用Attach结合命令，将盒子的上下部分结合在一起。在修改面板将它的名字更改为Hezi。

3.5.4.2 润滑油包装盒动画制作

（1）点击建立物体按钮展开面板，在下面的工具栏点击立体物体按钮，选择Box在视图中建立两个Box，分别为Box03、Box04，分别将它们置于瓶子、盒子正上方，如图3-101所示。

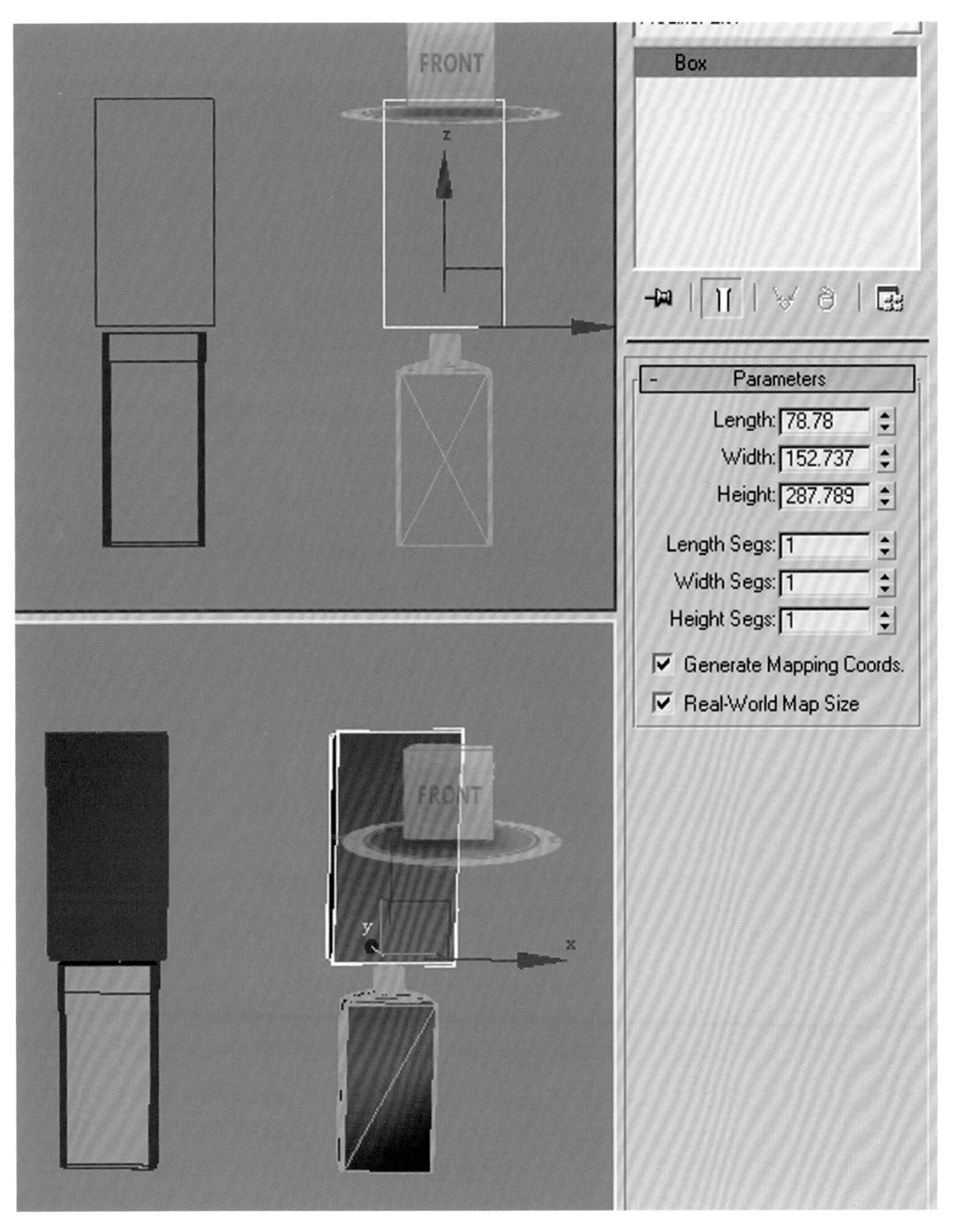

图3-101 盒子位置

图3-102 Boolean命令参数

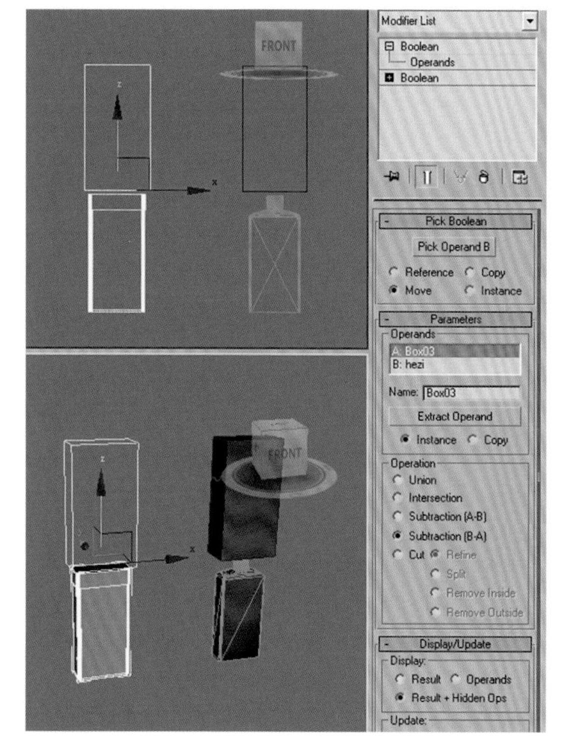

图3-103 Boolean命令结果

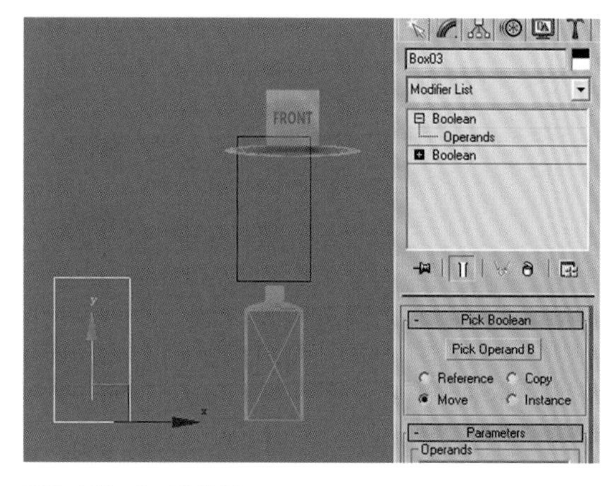

图3-104 Box03位置

（2）下面分别为它们制作布尔运算。选择Box03，点击建立物体按钮展开面板，在下面的工具栏点击立体物体按钮，点击选择Compound Objects混合物体下面的Boolean命令，点击Pick Operand B按钮，在视图中点击Hezi，在弹出的菜单点击“是”，如图3-102所示。

（3）选择Parameters卷帘窗下的Subtraction(B–A)，并选择Result+Hidden Ops显示结果和隐藏对象。

（4）点击修改器列表Boolean左边的+号，选择Operands操作物体，并在下方选择Box03，如图3-103所示。

（5）将Box03移动到如图3-104所示的位置，将Hezi完全盖住。

（6）点击自动关键帧按钮将它开启，将时间滑块拨到第50帧，点击关键帧按钮记录下第50帧。继续将时间滑块拨到第100帧，在Front视图将Box03向上移动，直到完全将Hezi露出来为止，点击关键帧按钮记录动画，点击自动关键帧按钮将它关闭。

（7）播放动画，可以看到盒子慢慢展现。

（8）按下数字键1，关闭Boolean次物体选择。

3.5.4.3 润滑油包装瓶动画制作

（1）制作Pingzi的消失动画。选择Box04，点击建立物体按钮展开面板，在下面的工具栏点击立体物体按钮，点击▾选择Compound Objects混合物体下面的Boolean命令，点击Pick Operand B按钮，在视图中点击Pingzi，点击修改物体按钮展开面板。依然是选择Parameters卷帘窗下的Subtraction(B–A)，并选择Result+Hidden Ops显示结果和隐藏对象。

（2）点击修改器列表Boolean左边的+号，选择Operands操作物体，并在下方选择Box04。

（3）点击自动关键帧按钮Auto Key将它开启，点击关键帧按钮记录下第0帧。继续将时间滑块拨到第50帧，在Front视图将Box04向下移动，直到将Pingzi完全盖住为止，点击关键帧按钮记录动画，按下自动关键帧按钮Auto Key将它关闭。

（4）播放动画，可以看到瓶子一上一下的两个动作，如图3–105所示。

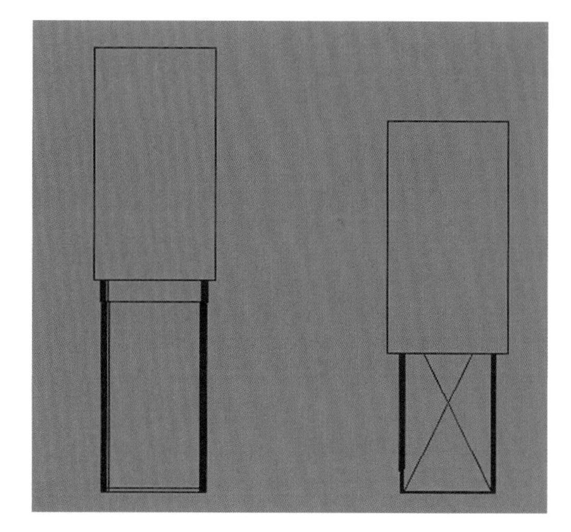

图3–105　动作动画

3.5.4.4　润滑油包装粒子动画制作

（1）点击建立物体按钮展开面板，在下面的工具栏点击空间扭曲按钮展开面板，点击▾选择Deflectors，选择SDeflector命令，在Front视图拖拽出一个SDeflector01导向球的图标，并将它调整到如图3–106所示的位置。

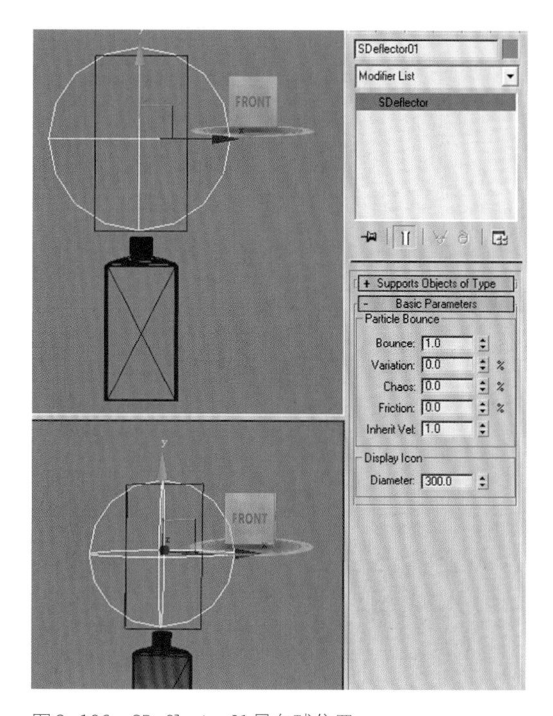

图3–106　SDeflector01导向球位置

（2）选择SDeflector01导向球，点击自动关键帧按钮Auto Key将它开启，点击关键帧按钮记录下第0帧。继续将时间滑块拨到第50帧，在Front视图将SDeflector01导向球向下移动，直到将Pingzi完全经过，点击关键帧按钮记录动画，按下自动关键帧按钮Auto Key将它关闭，这样就为下一步的粒子做好了碰撞准备。

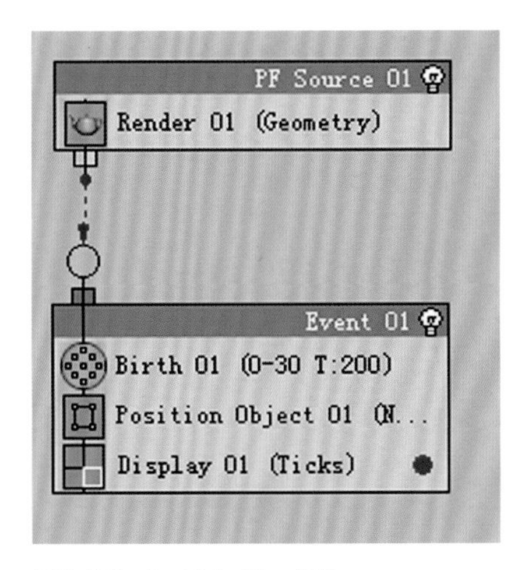

图3-107 Particle View参数

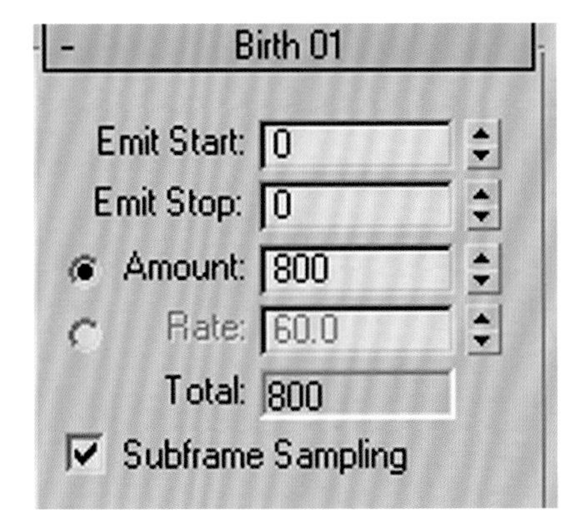

图3-108 Birth粒子参数

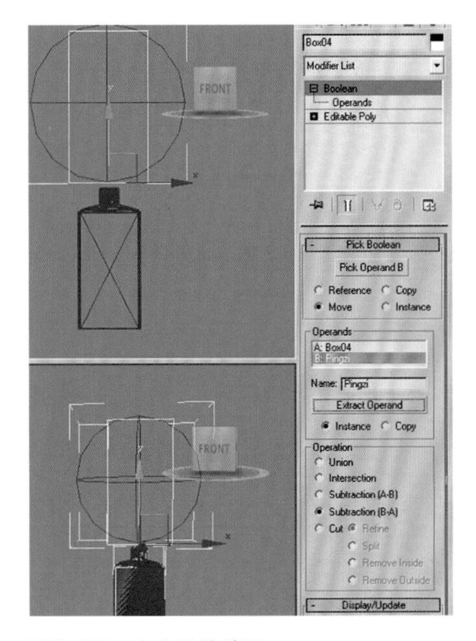

图3-109 布尔物体效果

（3）点击建立物体按钮展开面板，在下面的工具栏点击立体物体按钮，点击选择Particle Systems粒子系统下面的PF Source 高级粒子命令，在Top视图拖拽出一个PF Source 01的发射器。

（4）按下Particle View按钮或者键盘的数字键6，打开粒子视图。

（5）保留Birth出生和Display显示事件，将其余各项事件按下键盘Delete键删除，在粒子视图中从下方的列表中拖拽一个Position Object物体位置事件到Event 01中，如图3-107所示。

（6）在粒子视图选择Birth粒子出生事件，在右边的参数卷帘窗修改数量和结束时间，如图3-108所示。

（7）选择刚才的布尔物体Box04，点击修改物体按钮展开面板，选择B：Pingzi，并按下Extract Operand提取物体按钮，将Pingzi提取一份出来名称是Pingzi01，如图3-109所示。

（8）选择Position Object 01在右边的卷帘窗点击By List按钮，在弹出的菜单选择刚才提取的Pingzi01，这样粒子就产生在它的周围，如图3-110所示。

（9）点击显示面板将Pingzi01隐藏。

（10）回到粒子视图中，从下方的列表中拖拽一个Collision碰撞测试到Event 01中，如图3-111所示。

（11）选择Collision 01碰撞测试在右边的卷帘窗点击By List按钮，在弹出的菜单选择SDeflector01导向球，如图3-112所示。

（12）为粒子增加风力设置。点击建立物体按钮展开面板，在下面的工具栏点击空间扭曲按钮

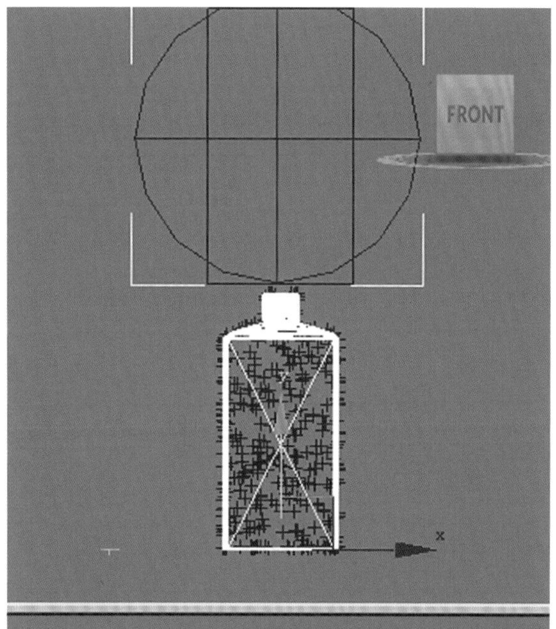

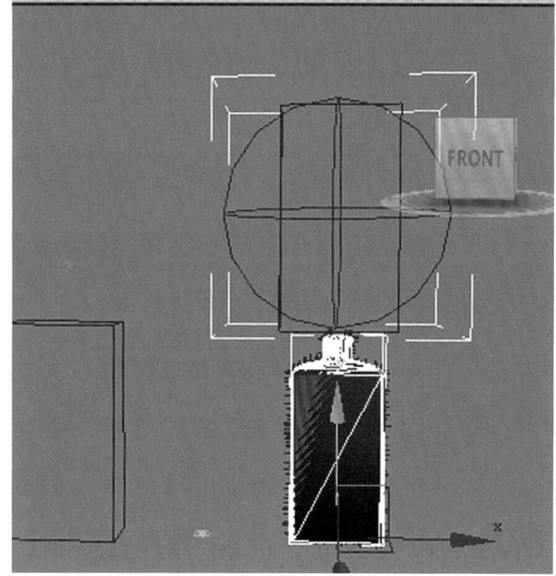

图3-110 粒子效果

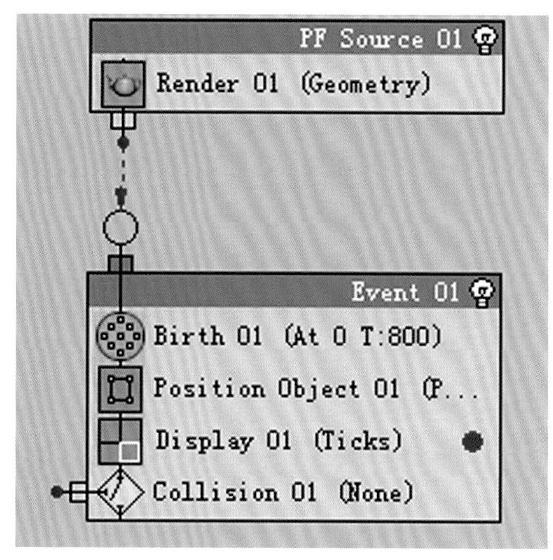

图3-111 粒子视图层级

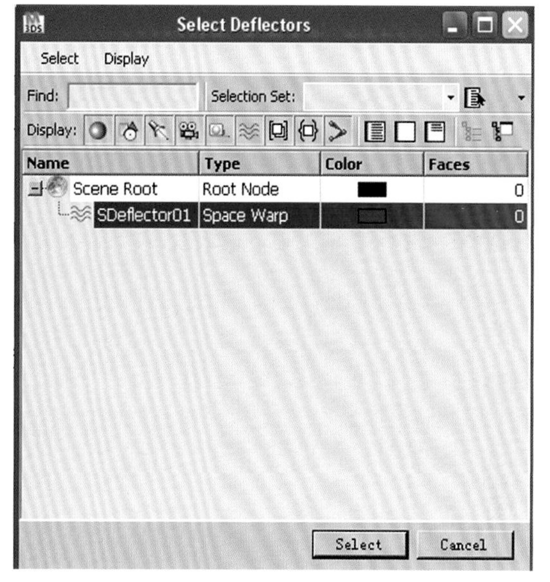

图3-112 SDeflector01导向球

展开面板，选择Wind风力按钮，在Top视图拖拽出两个Wind风力的发射器Wind01、Wind02，并将它调整到如图3-113所示的位置。

（13）调整Wind01、Wind02风力的数值，如图3-114所示。

（14）按下数字键6回到粒子视图，在下方的列表中拖拽一个Force力事件到Event 02中。

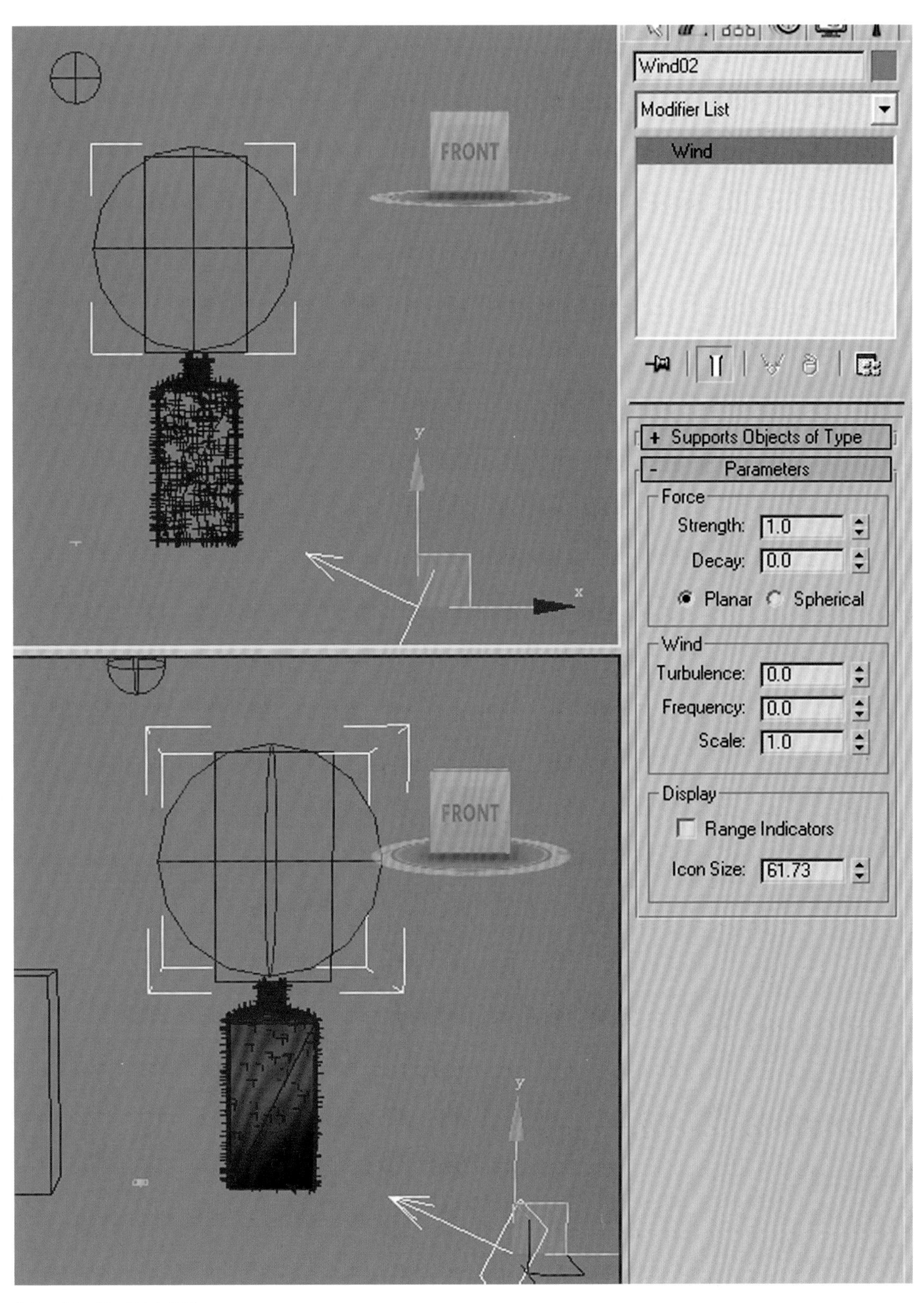

图3-113 Wind风力位置

（15）在Force力的卷帘窗面板点击Add按钮，在视图中选择Wind01、Wind02，并将Event 01连接到Event 02序列，如图3-115所示。

（16）在视图中播放动画可以看到粒子被风吹动的效果。

（17）在下方的列表中拖拽一个Age Test年龄测试到Event 02中，参数如图3-116所示。

（18）在下方的列表中拖拽一个Find Target寻找目标到Event 03中，并将Event 02连接到Event 03序列。

（19）回到视图中建立一个目标物体。点击建立物体按钮展开面板，在下面的工具栏点击平面物体按钮，选择Rectangle矩形命令，在Top视图建立Rectangle01，大小与Hezi一样，位置放置在Hezi的底部，如图3-117所示。

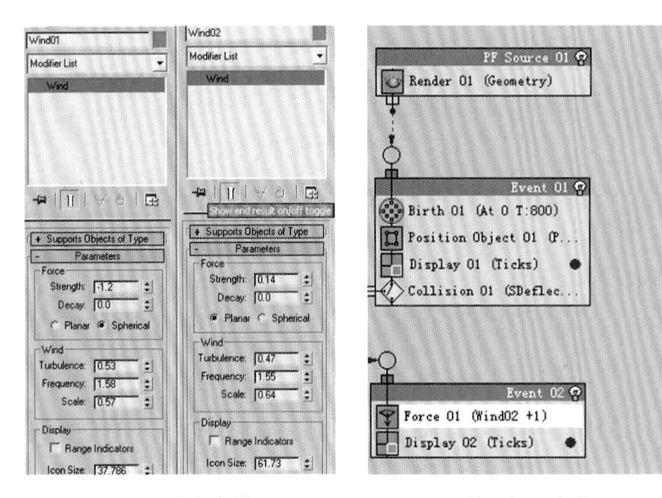

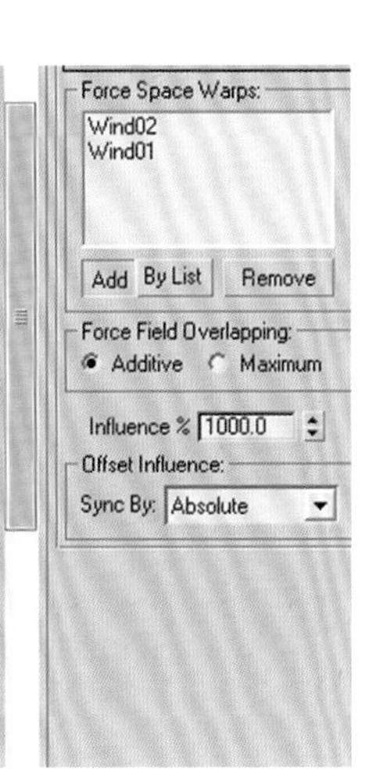

图3-114 Wind风力参数　　图3-115 粒子视图参数

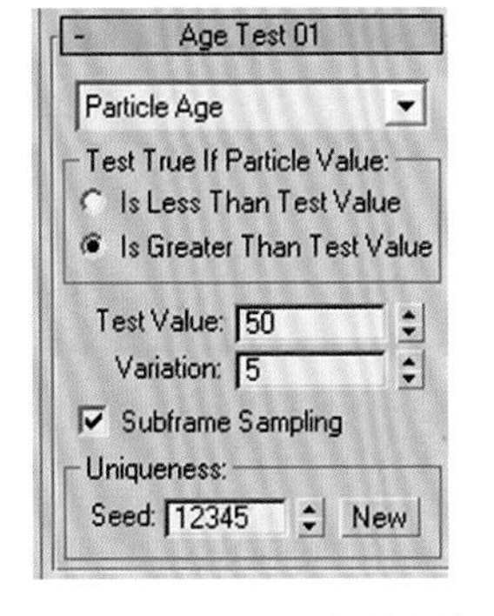

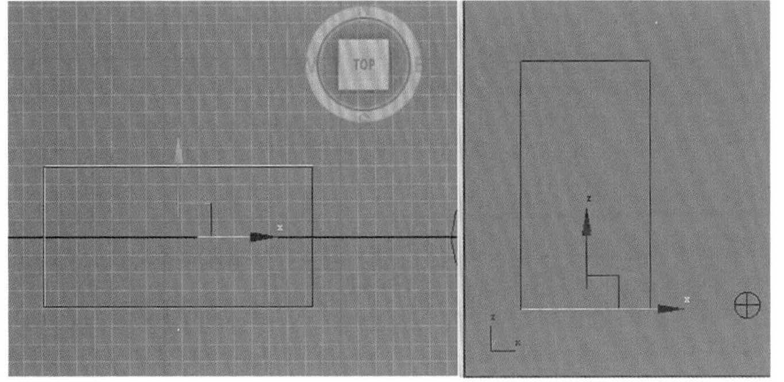

图3-116 Age Test年龄参数　图3-117 Rectangle01位置

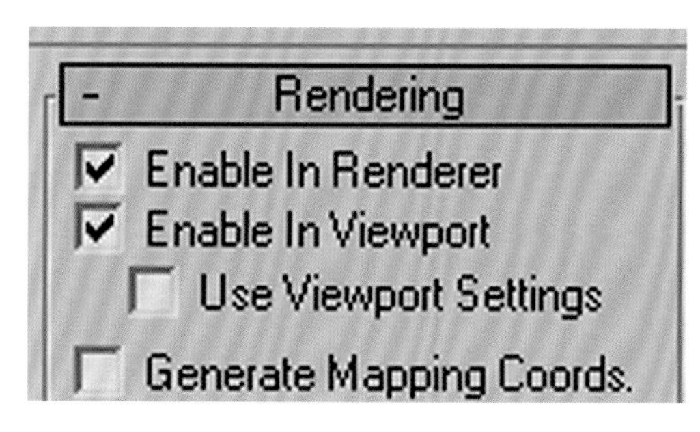

图3-118 渲染参数

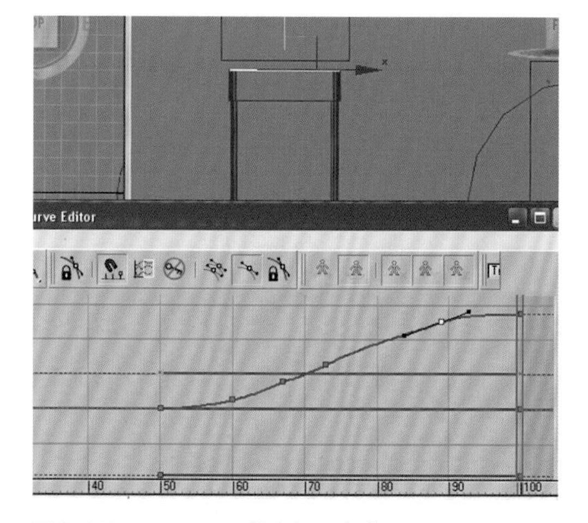

图3-119 Track View轨迹视图参数

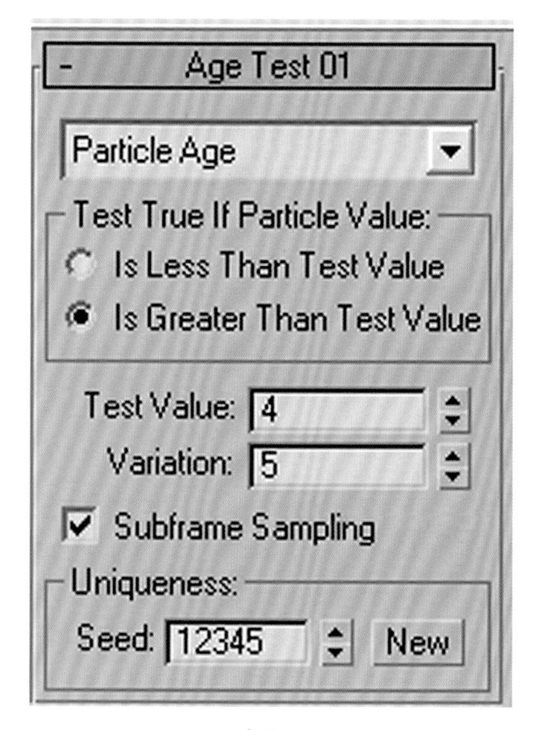

图3-120 Age Test 01参数

（20）点击修改物体按钮展开面板，将可渲染与可视都勾选，如图3-118所示。

（21）在修改器列表点击右键在弹出的菜单中选择Editable Poly。将时间滑块拨到第50帧，点击自动关键帧按钮将它开启，点击关键帧按钮记录下第50帧。继续将时间滑块拨到第100帧，在Front视图将Rectangle01向上移动到Hezi顶部，点击关键帧按钮记录动画，按下自动关键帧按钮将它关闭。

（22）点击显示面板将Rectangle01隐藏。在下拉菜单点击Graph Editors，在展开的菜单中选择Track View轨迹视图，调整Rectangle01的运动曲线，使它与Hezi的生长速度保持一致，如图3-119所示。

（23）按下数字键6回到粒子视图，选择Find Target 01在右边的卷帘窗选择Mesh Objects，点击By List按钮，在弹出的菜单选择Rectangle01，这样粒子就会去寻找Rectangle01，勾选下面的Follow Target Animation按钮。

（24）在下方的列表中拖拽一个Delete删除事件到Event 04中，默认选项删除全部粒子，将Event 03连接到Event 04序列。

（25）播放动画，将Find Target 01与Age Test 01的参数稍作调整。选择Age Test 01，将参数调整为如图3-120所示。

（26）选择Find Target 01，将参数调整为如图3-121所示。

（27）播放动画，可以看到粒子在第50帧开始寻找目标物体，如图3-122所示 。

（28）在第100帧结束寻找目标物体，如图3-123所示。

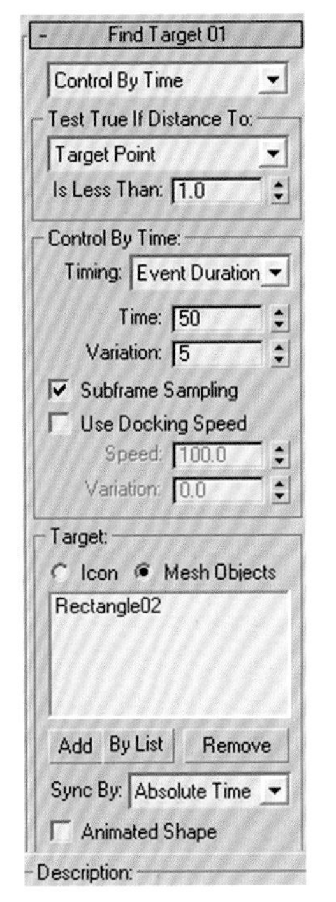

图3-121　Find Target 01参数

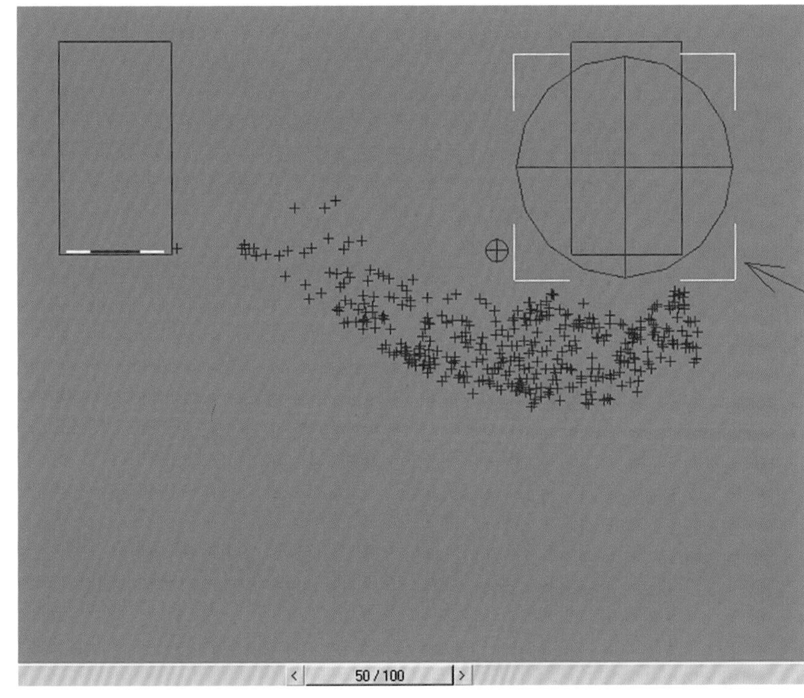

图3-122　目标寻找效果

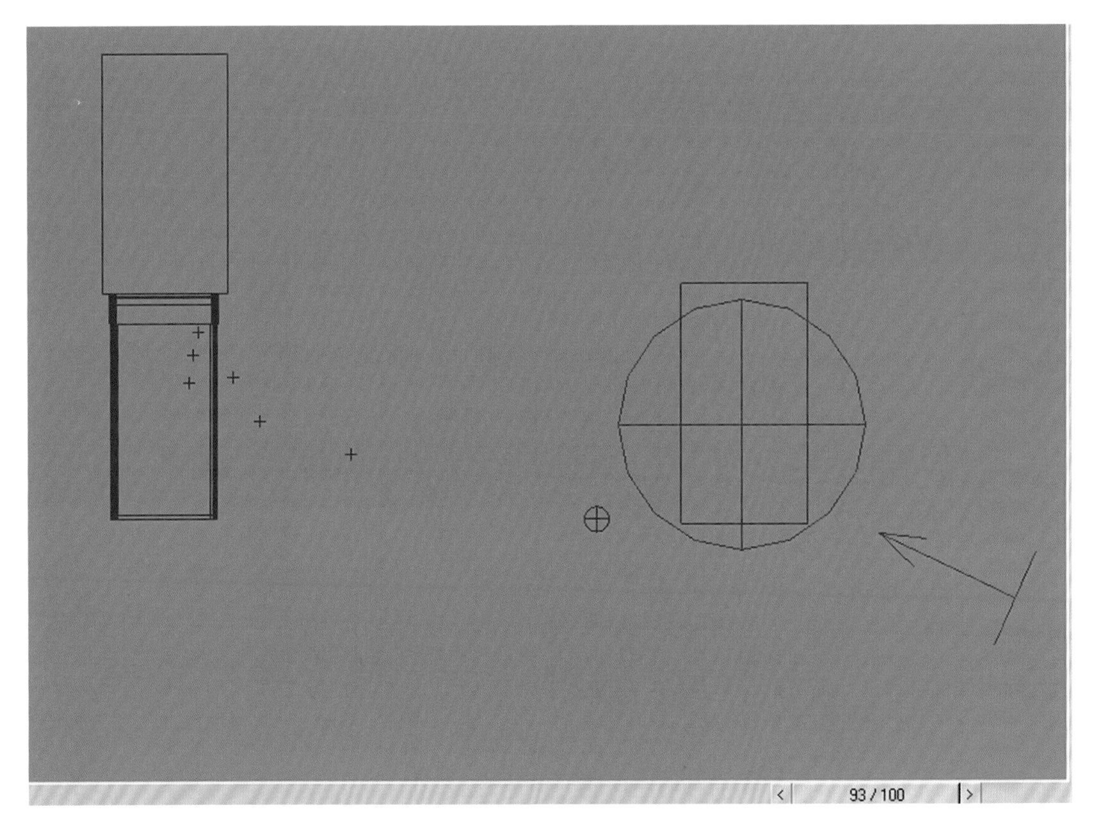

图3-123　结束时间调整

（29）对粒子的材质稍作设置。在下方的列表中拖拽一个Shape形体事件到Event 02中，在右边的参数面板选择Sphere，尺寸为1。在下方的列表中拖拽一个Material Static静态材质事件到Event 02中。

（30）在列表中选择Material Dynamic 01静态材质事件，按下键盘的M键打开材质编辑器。选择一个材质球，在材质编辑器点击Arch&Design(mi)建筑和设计材质按钮，打开材质类型菜单，在展开的菜单中选择Standard标准材质类型。将这个材质球拖拽到Material Dynamic静态材质的None上，在弹出的选项上选择Instance关联，将材质参数调整为如图3-124所示。

（31）将Event 02的Material Dynamic 01静态材质事件拷贝到Event 03序列一份，在Birth出生事件中可将粒子数目调高到8000，渲染视图如图3-125所示。

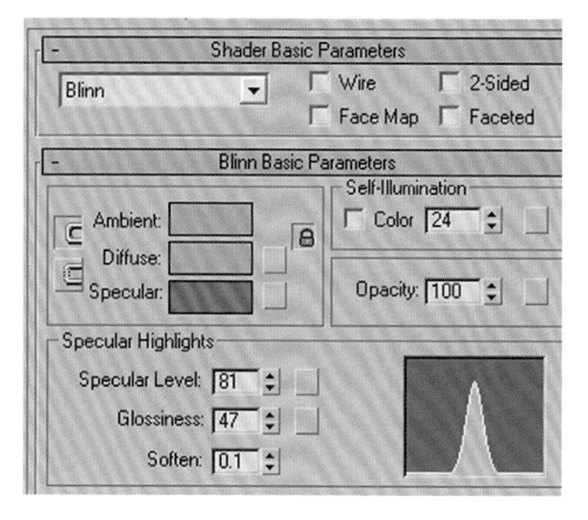

图3-124　Material Dynamic 01材质参数

图3-125　粒子渲染效果

3.6 使用Rhino制作手机模型

Rhino是一款基于NURBS为主的三维建模软件，在以曲面为主的设计作品里有着强大的实用性，Rhino对曲线、曲面等编辑能力十分强大，曲线控制方面有着自己鲜明的个性，对自由表达曲线空间造型十分方便。下面将通过制作一款手机来了解Rhino的建模方法。

使用Rhino制作手机模型，如图3-126所示。

（1）为了准确绘图，可以用View/Background Bitmap/Place置入底图，如果网格线使图看不清楚，可用F7打开/关闭网格显示，如图3-127所示。

（2）使用曲线工具勾勒手机左侧四根纵向轮廓线，注意上下两端要超出实际需要的长度，以便将来裁切。再用镜像工具复制到右边。用点击左键关掉底图（点击右键为显示底图），如图3-128所示。

图3-126 Rhino制作手机模型

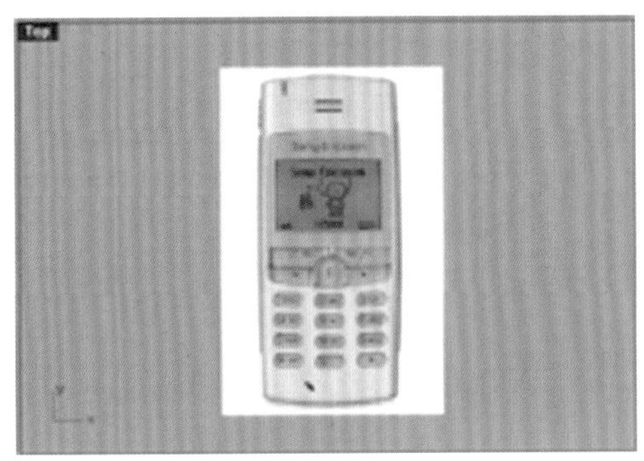

图3-127 手机模型底图

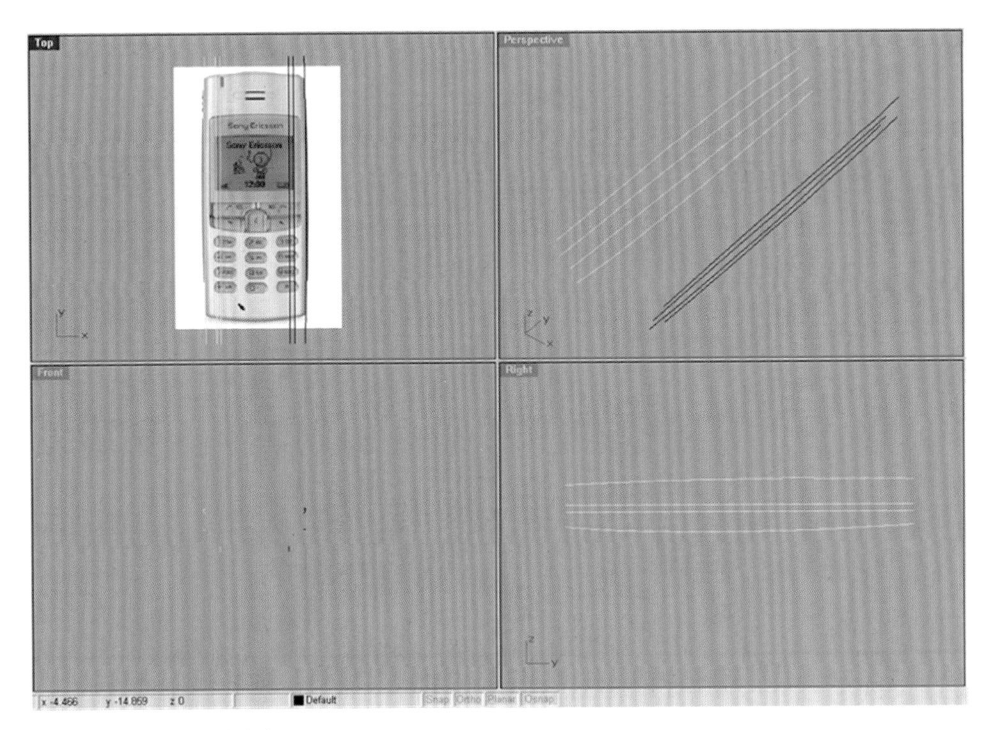

图3-128 手机模型轮廓线

（3）使用曲线工具和点捕捉工具Osnap绘制四条手机上表面横向的曲线

（因为手机键盘处的表面有一些下凹，所以需要用线条来表达这些细节），靠上的两条线是直线，靠下的两条线略微下凹，如图3–129、图3–130所示。

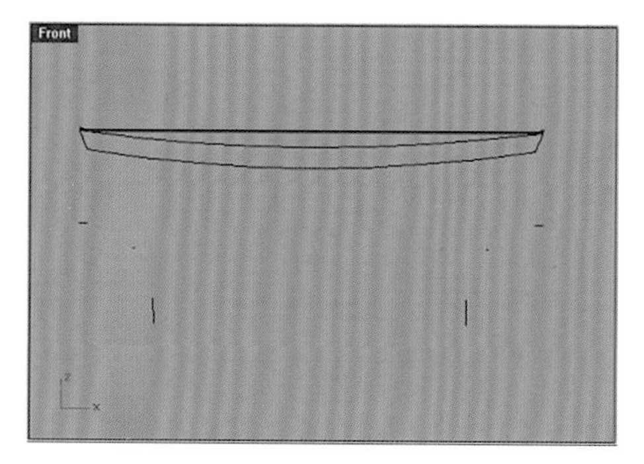

图3–129　手机表面下凹表现

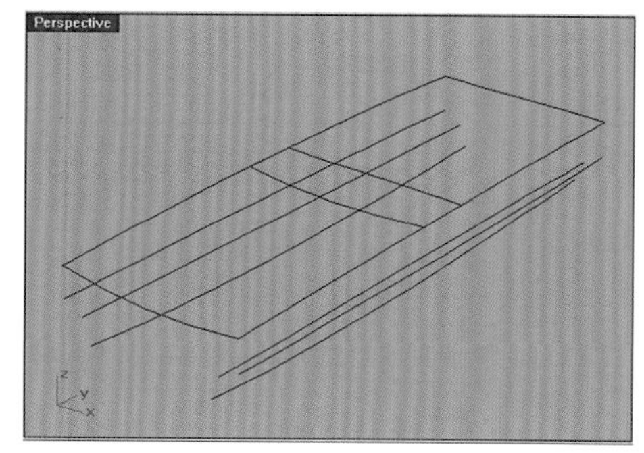

图3–130　手机表面线条绘制

（4）使用双轨道扫描面工具生成手机上表面，用多截面扫描面工具分别生成两侧表面，参数调整如图3–131所示，用边界面工具生成下表面，如图3–132所示。

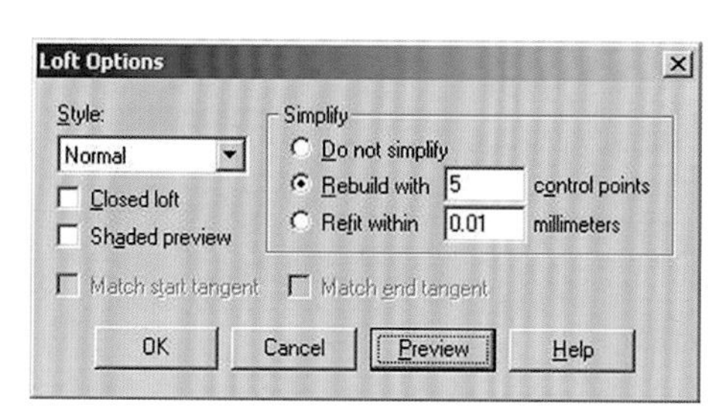

图3–131　手机模型扫描面参数

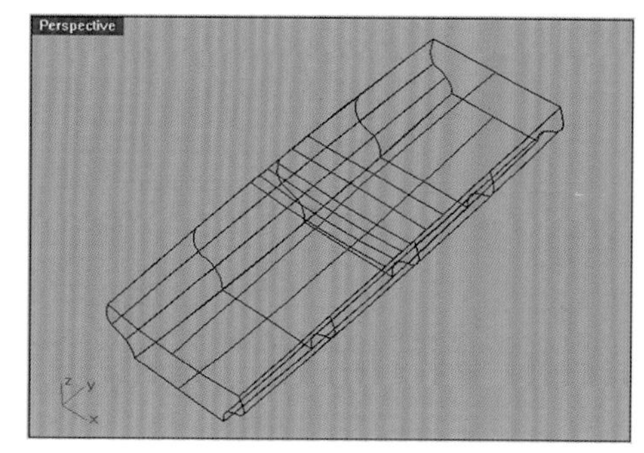

图3–132　手机模型表面

（5）为了不产生干扰，将曲线删除或隐藏起来。选择合适的半径，用面倒角工具将已画好的四个面之间倒上圆角，如图3–133所示。

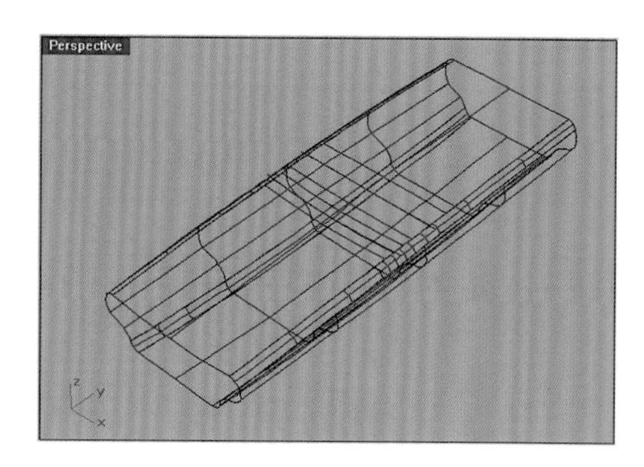

图3–133　手机模型四面圆角

（6）根据底图使用曲线工具绘制手机上下轮廓线，并用拉伸面工具将这两条线挤压成面并完全穿过手机机身，用裁切工具将建好的这些面进行多次裁切，结果如

图3–134、图3–135所示。

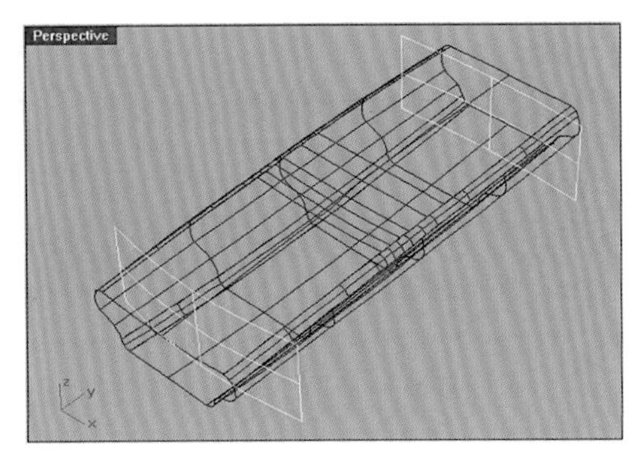
图3–134　手机轮廓线拉伸成面

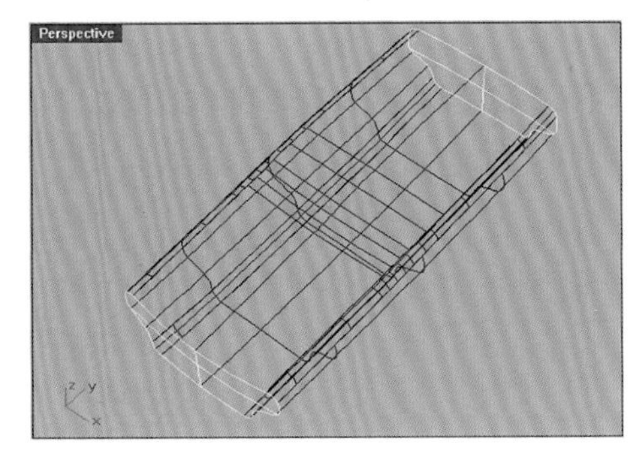
图3–135　手机轮廓面调整

（7）按Ctrl+A全选所有面，点击焊接工具连接所有面。点击边缘倒角工具，进行边缘倒角，如图3–136、图3–137所示。

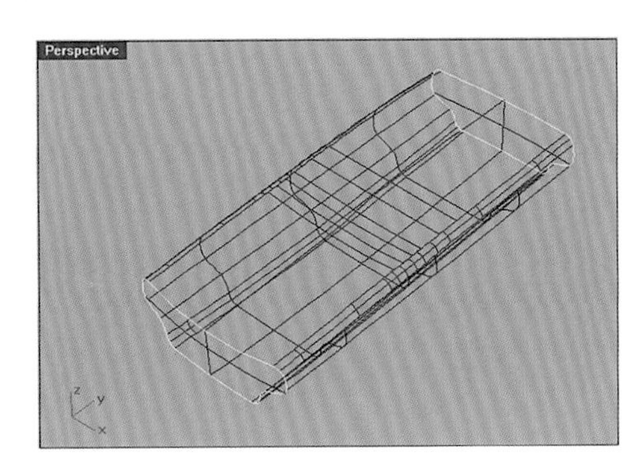
图3–136　手机多面连接

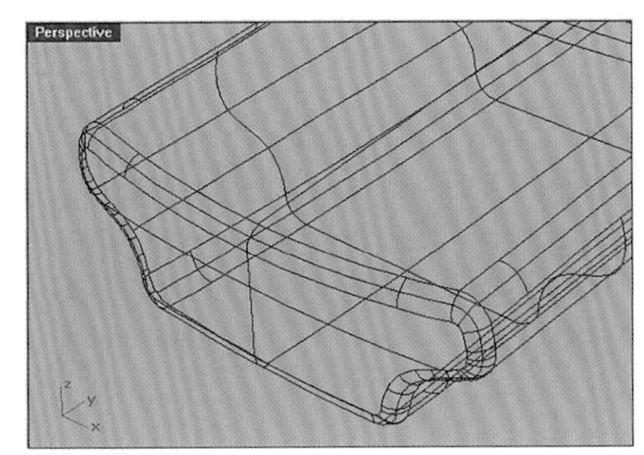
图3–137　手机面倒角

（8）用矩形工具绘制带圆角的矩形。对照底图按键的位置复制一组矩形，点击拉伸面工具，将这些线拉伸成面，穿过手机上表面，如图3–138、图3–139所示。

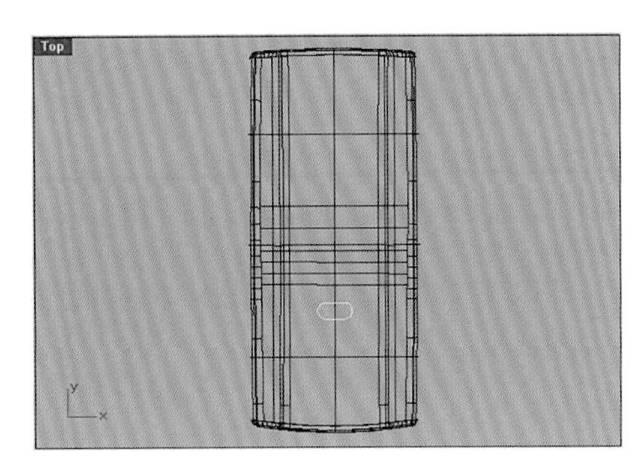
图3–138　按键绘制

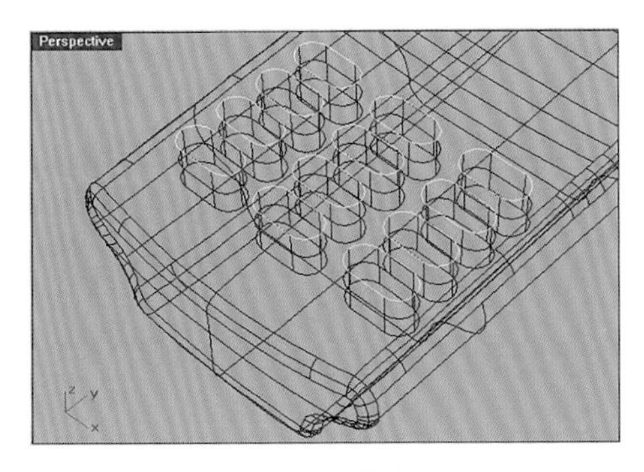
图3–139　手机按键复制拉伸成面

（9）点击炸开工具，炸开焊接在一起的手机各个表面。左键点击工具（左键为加面经纬线，右键为增加线修改点）修改上表面，保证上表面每一个按键内部至少有一根经纬线通过，然后用裁切工具多次裁切，如图3–140、图3–141所示。

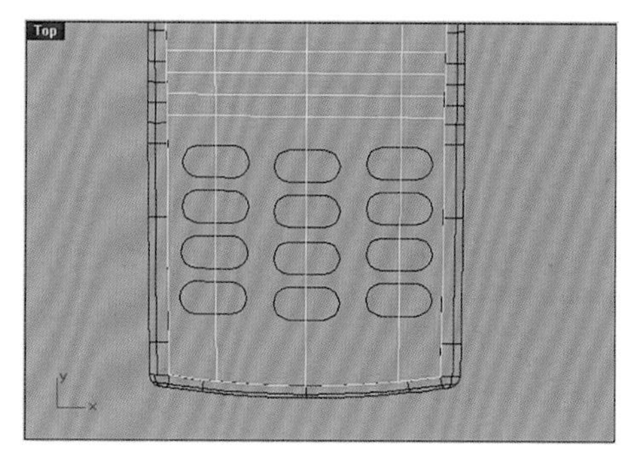

图3–140　手机各表面炸开

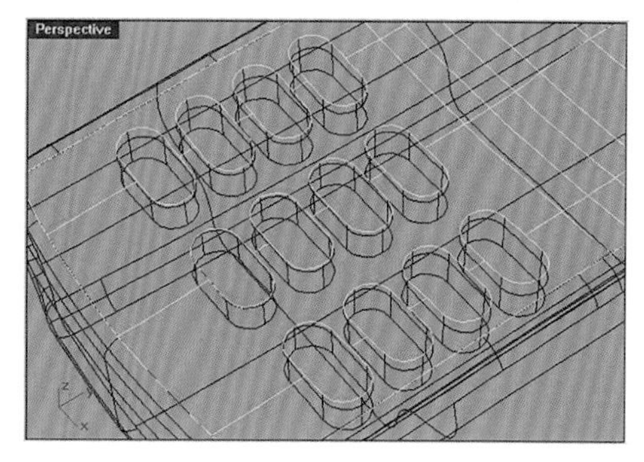

图3–141　手机按键裁切

（10）按Ctrl+A全选，点击焊接工具连接所有面；点击边缘倒角工具，选中图3–142所示部分倒角，结果如图3–143所示。

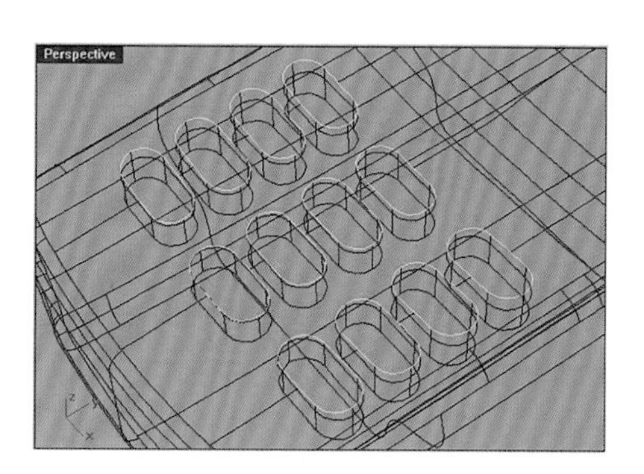

图3–142　手机各表面连接

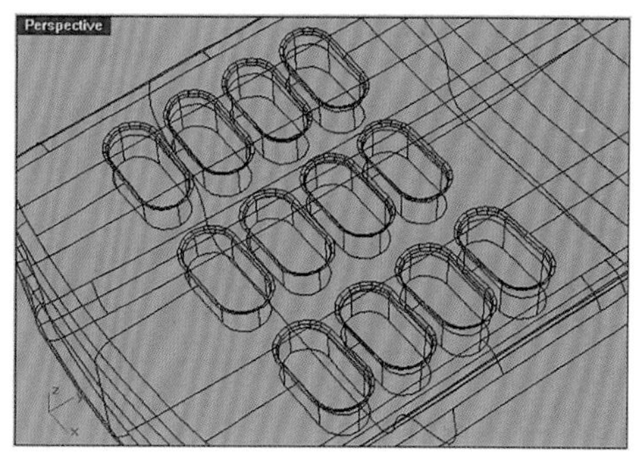

图3–143　手机按键倒角1

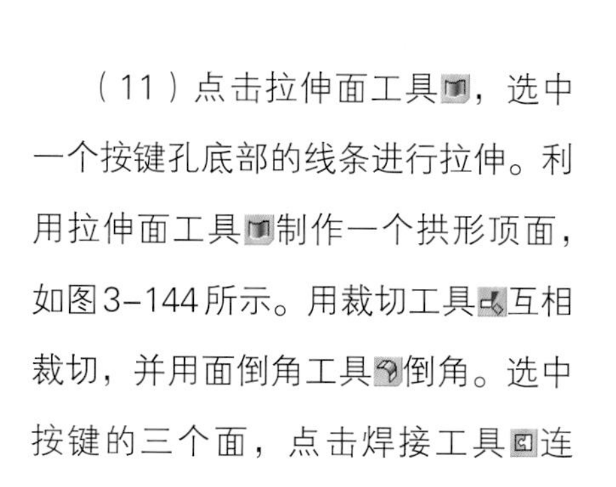

（11）点击拉伸面工具，选中一个按键孔底部的线条进行拉伸。利用拉伸面工具制作一个拱形顶面，如图3–144所示。用裁切工具互相裁切，并用面倒角工具倒角。选中按键的三个面，点击焊接工具连接，如图3–145、图3–146所示。

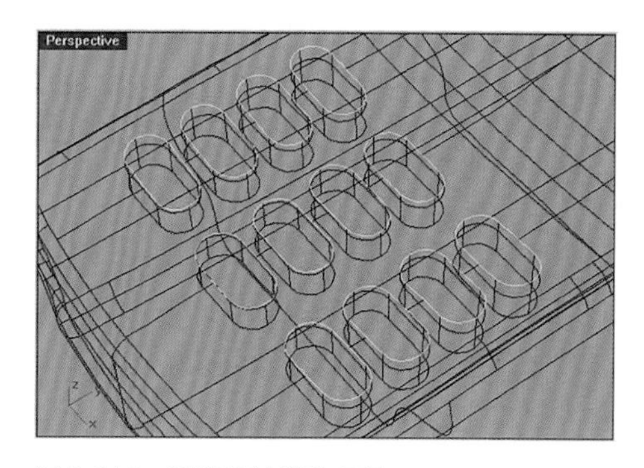

图3–144　手机按键拱形顶面

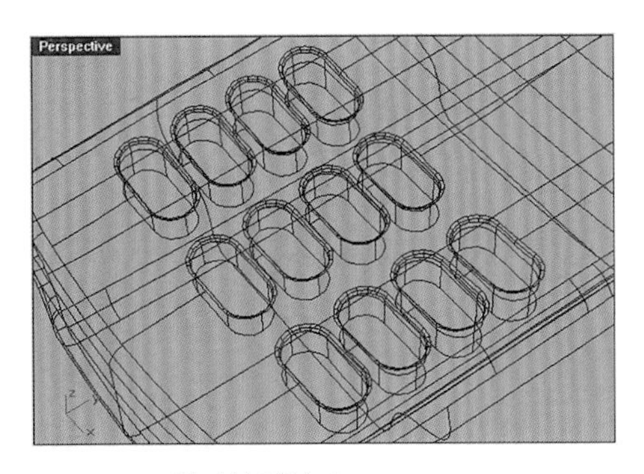

图3-145　手机按键倒角2

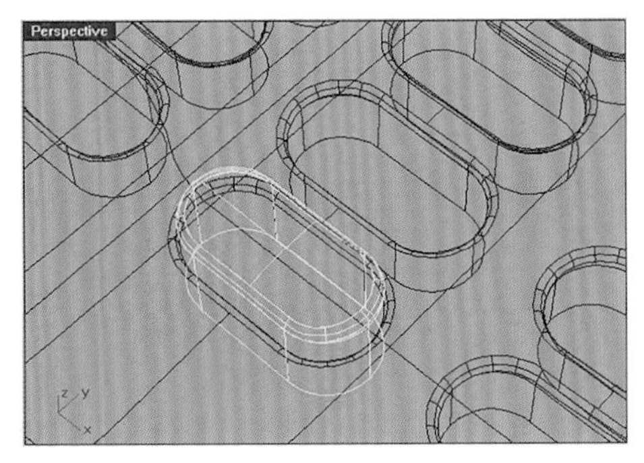

图3-146　手机按键倒角3

（12）复制其余按键，注意用倾斜工具使左右两侧的按键稍微向中间倾斜，如图3-147所示，整体效果如图3-148所示。

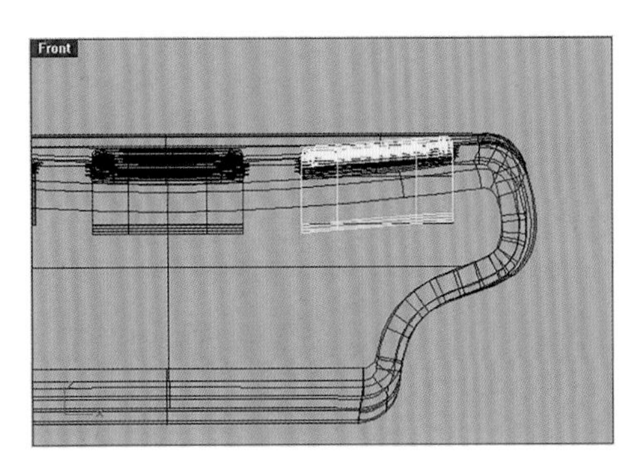

图3-147　手机按键倾斜

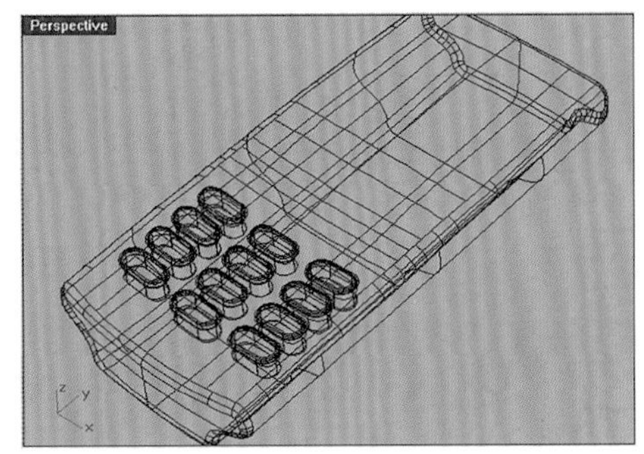

图3-148　手机按键倾斜整体效果

（13）对照底图绘制屏幕轮廓线四条，如图3-149所示，并用工具倒角；点击工具，将轮廓线拉伸成体，调整至合适位置，如图3-150所示。

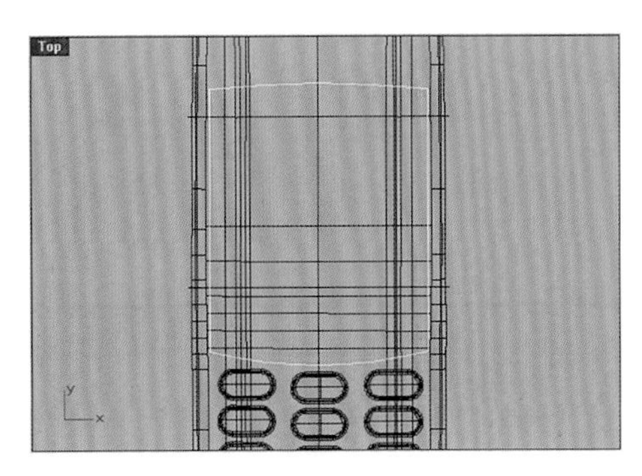

图3-149　手机屏幕轮廓线

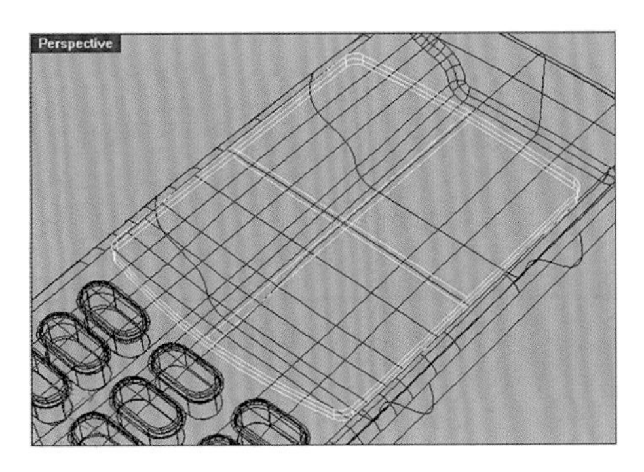

图3-150　手机屏幕立体制作

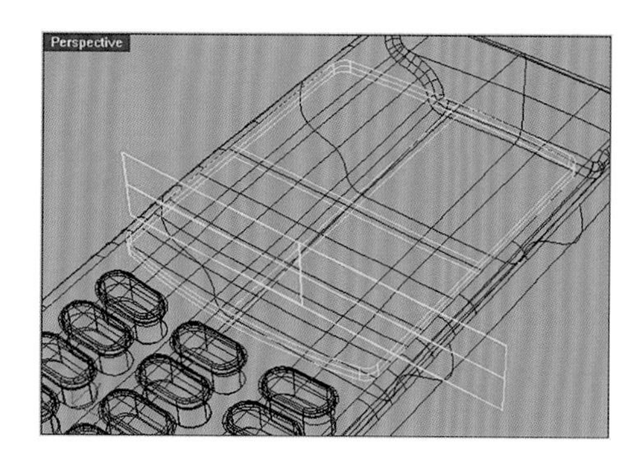

图3-151 手机屏幕下按键制作1

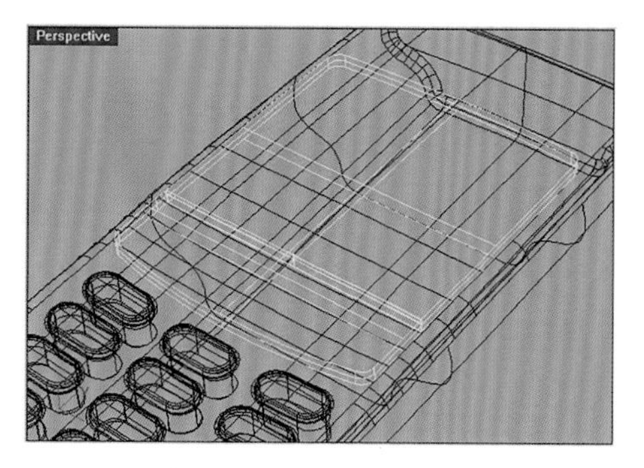

图3-152 手机屏幕下按键制作2

（14）用绘制一个扁平的立方体，与手机屏幕相交，如图3-151所示；用布尔运算减去该立方体，使屏幕分成上下两部分，如图3-152所示。

（15）参照上一步的方法，利用Solid物体之间的布尔运算分出其他部分的按键，如图3-153、图3-154所示。

（16）用面倒切角工具修改各部分的边界，使之都带有合适的切角。倒切角后多余的部分用裁切工具裁切掉，如图3-155、图3-156所示。用焊接工具连接包括机身在内的所有的面，Rhino会自动把边界重

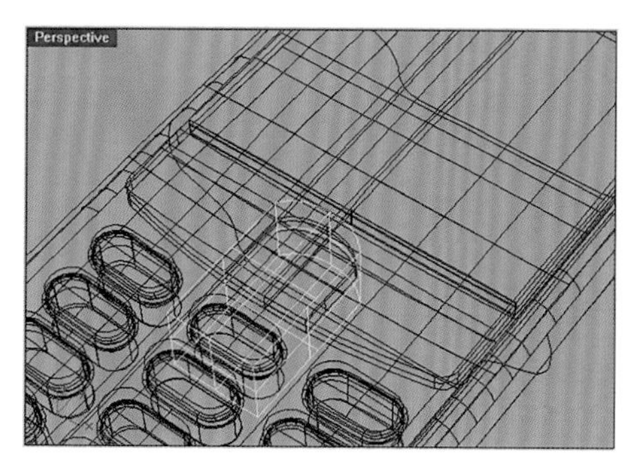

图3-153 手机屏幕下按键制作3

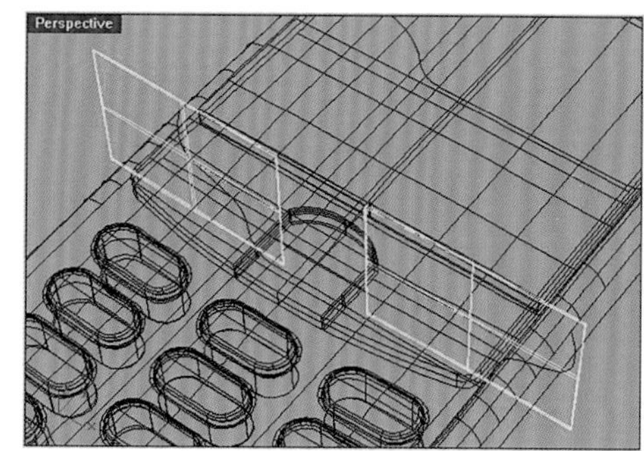

图3-154 手机屏幕下按键制作4

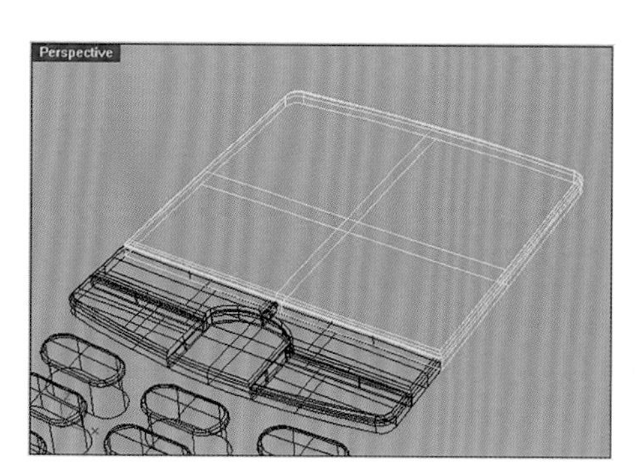

图3-155 手机屏幕及按键倒角1

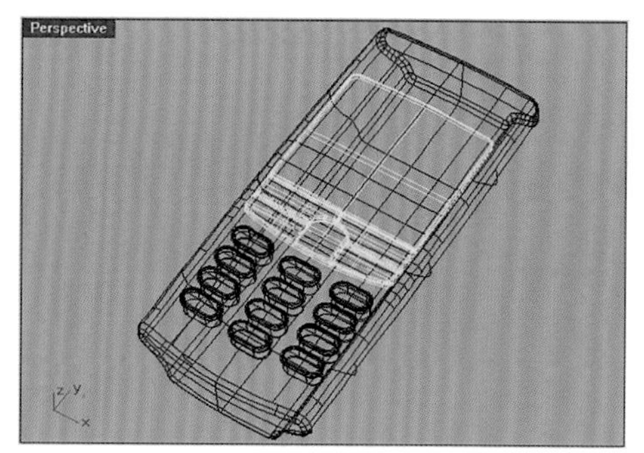

图3-156 手机屏幕及按键倒角2

合的面连接在一起。

（17）参照（14）的方法，用布尔运算减去授话孔和听筒。建模结果如图3-157所示，用其他软件渲染结果如图3-158所示。

图3-157 手机模型基本完成

图3-158 手机模型渲染效果

3.7 使用AutoCAD制作脚轮

AutoCAD可以创建表面（surface）模型也能创建实体（solid）模型，并且可以将实体模型输出成图纸（包括生成虚线、剖面等，但是不能自动标注）。AutoCAD属于工程类的软件，所以建模非常精确，但与此同时建模相对烦琐，适用于产品设计前期精度要求较高的建模工作，如图3-159所示。

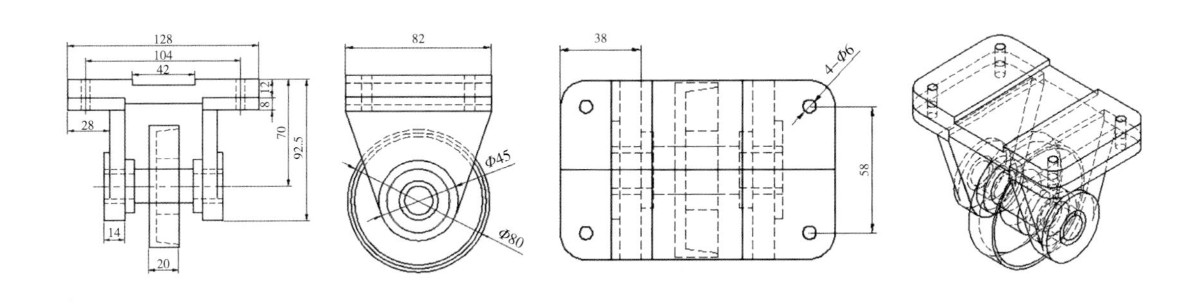

图3-159 AutoCAD制作脚轮示例

（1）首先设置视图。点击视图左下角的“布局2”进入图纸空间（即系统变量TILEMODE设为0），弹出选择打印机对话框后选择打印机，然后点确定（没有打印机就选“无”），如图3–160所示。

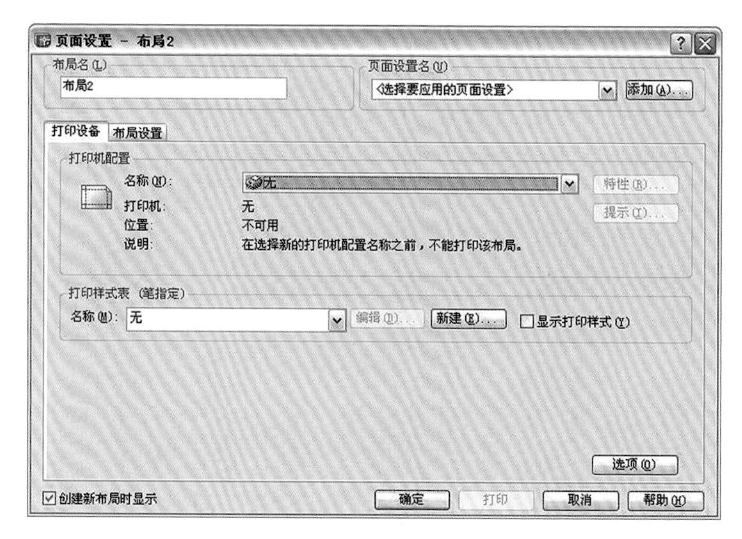

图3–160　制作脚轮视图页面设置

（2）当前图面有一个默认的视窗，选择视窗边界后按Delete键将其删除，然后定制四个新的视窗；执行菜单：视图/视口/四个视口，命令提示区出现相应提示，直接回车，将当前图纸纸面一分为四（也可以使用MVIEW命令设置视图），如图3–161、图3–162所示。

图3–161　制作脚轮视图

图3-162　制作脚轮视图参数

（3）在软件窗口最下方的一排按钮中点击“图纸”按钮（或在视图范围内双击），把当前模式从图纸改为模型，这样可以创建和修改四个视窗的内容；在工具栏任意工具按钮上点右键，选择打开“视图”工具栏；分别激活四个视窗设定不同的角度，左上视图为前视图，右上为右视图，左下为顶视图，右下为东南等轴测视图，如图3-163~图3-166所示。

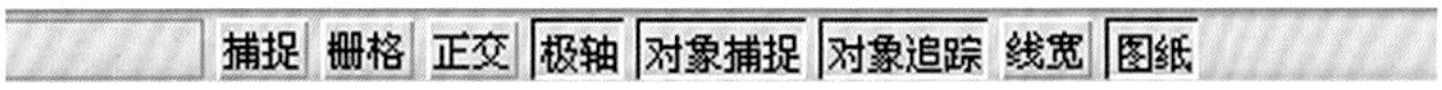

捕捉 栅格 正交 极轴 对象捕捉 对象追踪 线宽 图纸

图3-163　制作脚轮图纸模式选择

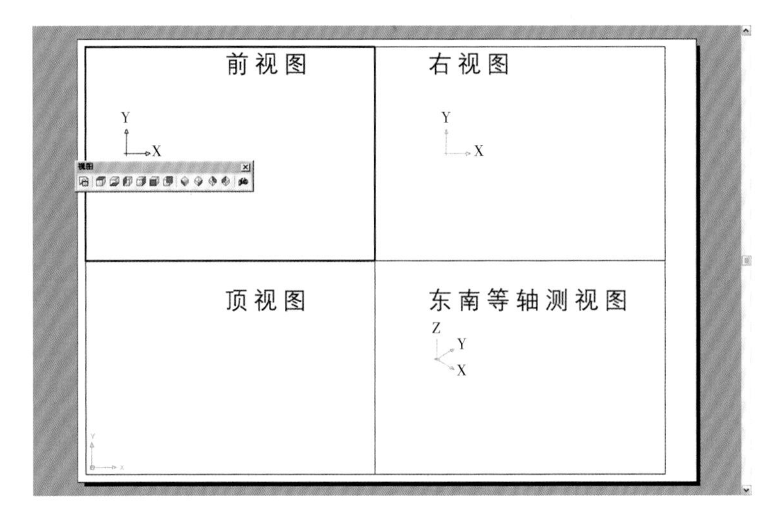

图3-165　制作脚轮视图分区

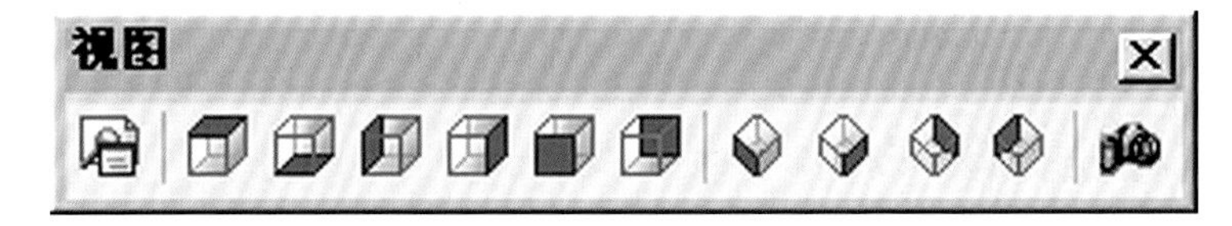

图3-166　制作脚轮视窗角度选择

图3-164　制作脚轮视图菜单选择

（4）建立轮轴。在工具栏任意工具按钮上点右键，选择打开“实体”和“实体编辑”工具栏，如图3-167、图3-168所示。激活右上视窗，建立两个圆柱（或键入命令cylinder），然后将两个圆柱相加（或union命令），用滚轮（缩放）和中键（平移）调整四个视图中的物体显示大小至合适，命令见下面步骤所示，效果如图3-169所示。

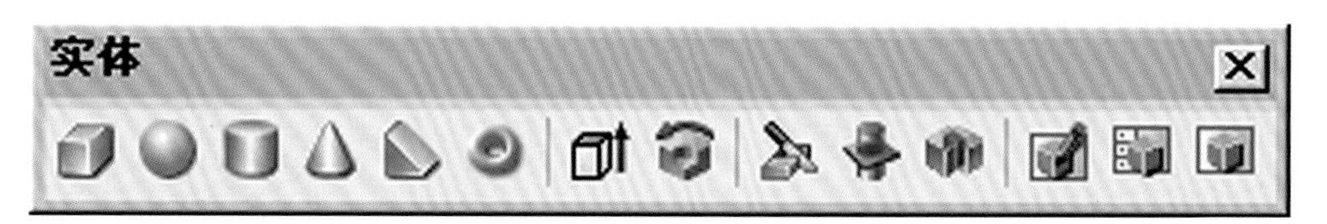

图3-167　制作脚轮实体窗口

图3-168　制作脚轮实体编辑窗口

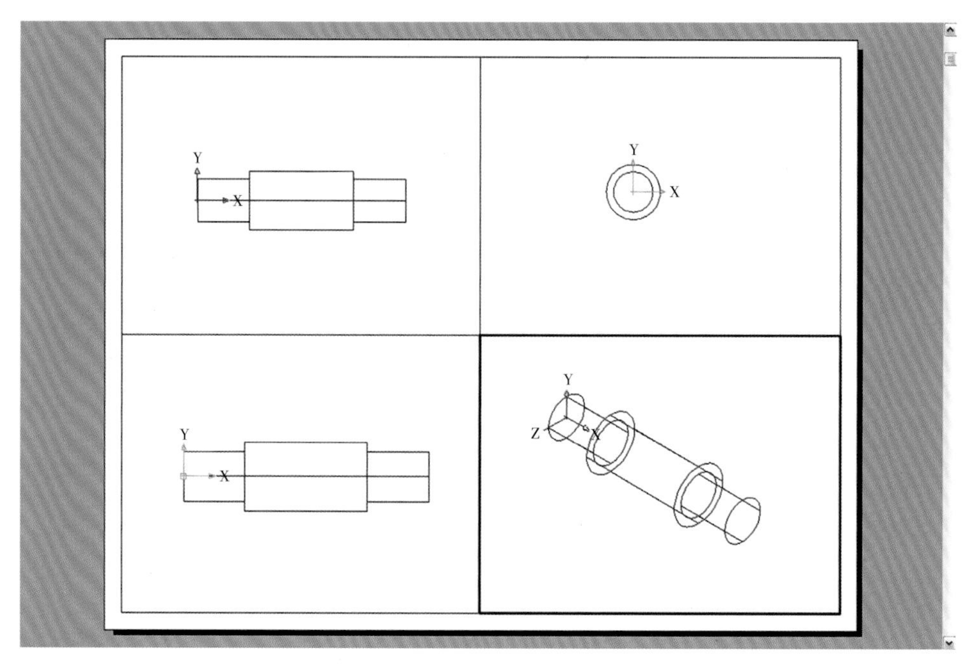

图3-169　制作脚轮建立轮轴

步骤

①（激活右上视窗）

②命令：_cylinder

③当前线框密度：ISOLINES=4

④指定圆柱体底面的中心点或[椭圆（E）]<0,0,0>：↙

⑤指定圆柱体底面的半径或[直径（D）]：d

⑥指定圆柱体底面的直径：16

⑦指定圆柱体高度或[另一个圆心（C）]：80

⑧命令：

⑨命令：_cylinder

⑩当前线框密度：ISOLINES=4

⑪指定圆柱体底面的中心点或[椭圆（E）] <0,0,0>：0,0,20

⑫指定圆柱体底面的半径或 [直径（D）]：d

⑬指定圆柱体底面的直径：22

⑭指定圆柱体高度或[另一个圆心（C）]：40

⑮命令：

⑯命令：_union

⑰选择对象：（框选两个圆柱）

⑱选择对象：↙

（5）在工具栏点击，打开图层特性管理器，新建图层“轮轴”，关闭图层特性管理器，选择画好的轮轴再选择图层“轮轴”，将轮轴放到“轮轴”图层。

（6）建立轴套，打开图层特性管理器，新建图层“轴套”，并将该层设为当前层，关闭图层“轮轴”，如图3-170所示。

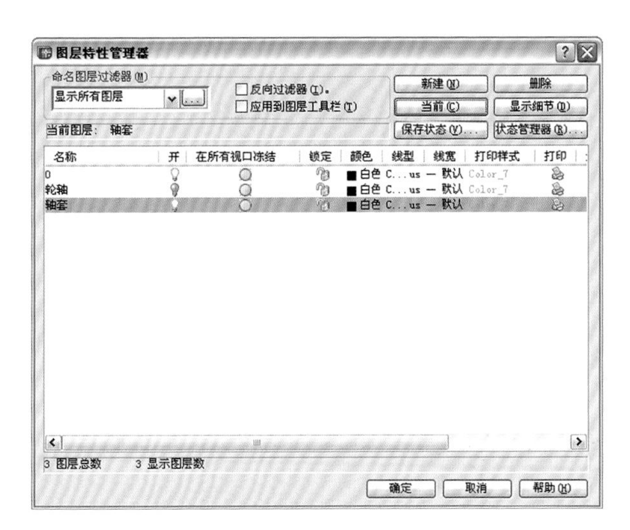

图3-170　制作脚轮新建轴套图层

（7）激活右上视图建立三个圆柱，命令见下面步骤所示。

步骤

①（激活右上视窗）

②命令：_cylinder

③当前线框密度：ISOLINES=4

④指定圆柱体底面的中心点或[椭圆（E）] <0,0,0>：0,0,60

⑤指定圆柱体底面的半径或[直径（D）]：11

⑥指定圆柱体高度或[另一个圆心（C）]：20

⑦命令：

⑧命令：_cylinder

⑨当前线框密度：ISOLINES=4

⑩指定圆柱体底面的中心点或[椭圆（E）] <0,0,0>：0,0,60

⑪指定圆柱体底面的半径或 [直径（D）]：d

⑫指定圆柱体底面的直径：35

⑬指定圆柱体高度或[另一个圆心（C）]：6

⑭命令：

⑮命令：_cylinder

⑯当前线框密度：ISOLINES=4

⑰指定圆柱体底面的中心点或[椭圆（E）] <0,0,0>：0,0,60

⑱指定圆柱体底面的半径或[直径（D）]：8

⑲指定圆柱体高度或[另一个圆心（C）]：20

（8）将圆柱1、圆柱2相加（或union命令），再减去圆柱3（或subtract命令），调整四个视图中的物体显示大小至合适，命令见下面步骤所示，效果如图3-171所示。

步骤

①（激活右下视图）

②命令：_union

③选择对象：（选择对象1）

④选择对象：（选择对象2）

⑤选择对象：↙

⑥命令：

⑦命令：_subtract

⑧选择要从中减去的实体或面域...

⑨选择对象：（选择对象1+2）

⑩选择对象：↙ 选择要减去的实体或面域...

⑪选择对象：（选择对象3）

⑫选择对象：↙

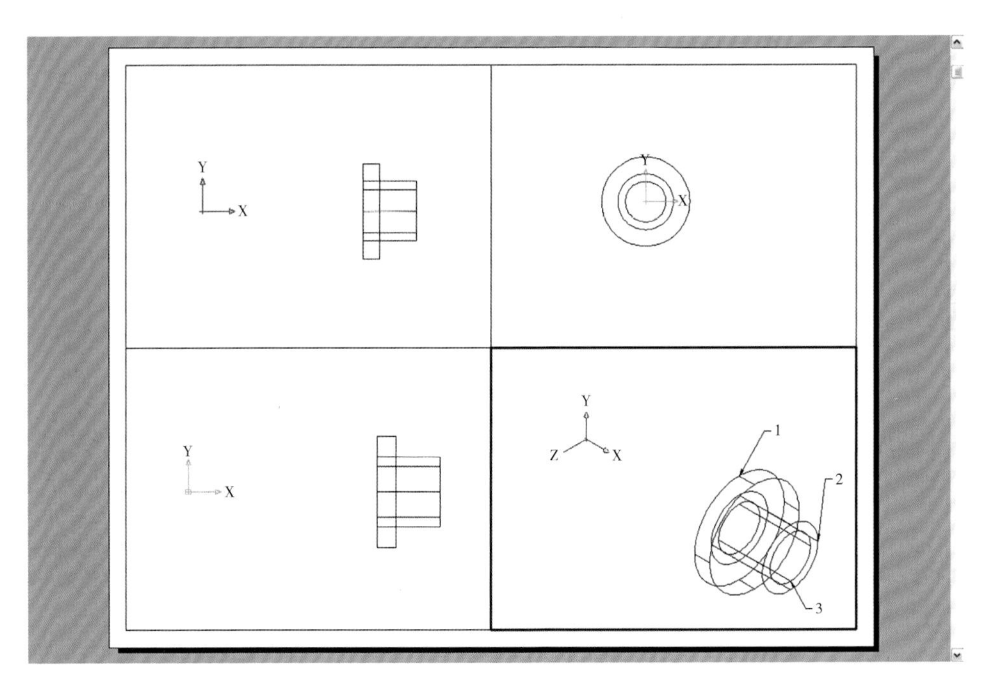

图3-171 制作脚轮建立轴套

（9）激活左下视窗，将轴套镜像（或mirror命令），命令见下面步骤所示，效果如图3-172所示。

步骤

①（激活左下视窗）

②命令：_mirror

③选择对象：（选择已画好的轴套）

④选择对象：↙

⑤指定镜像线的第一点：40,0

⑥指定镜像线的第二点：40,1

⑦是否删除源对象？[是（Y）/否（N）] <N>：↙

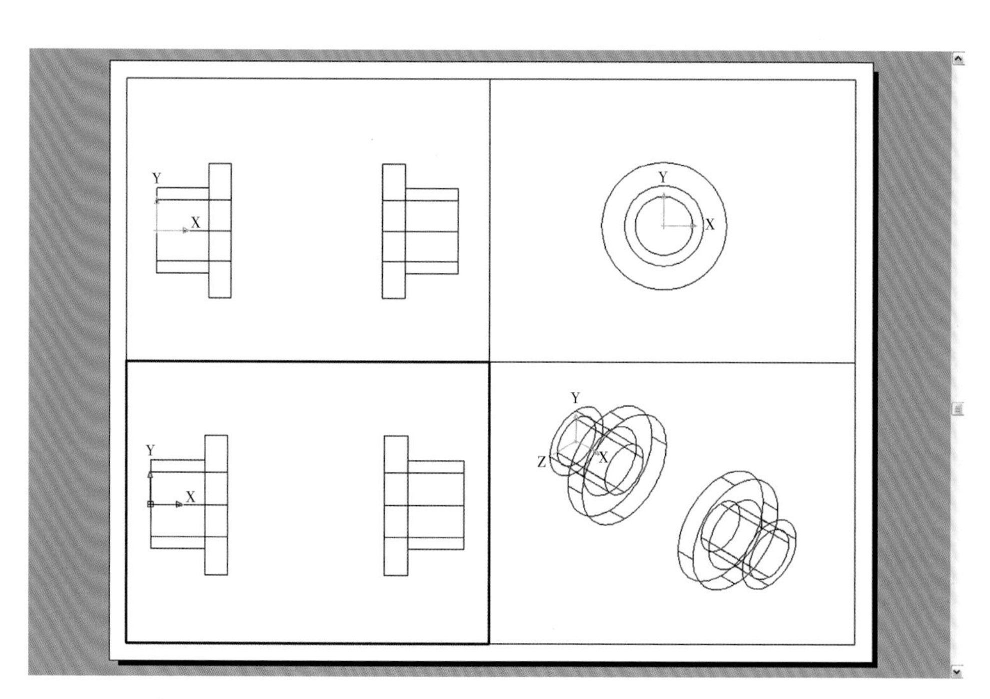

图3-172 制作脚轮轴套镜像

（10）建立托架。打开图层特性管理器，新建图层“托架”，并将该层设为当前层，关闭图层“轴套”，如图3-173所示。

图3-173　制作脚轮新建托架图层

（11）用圆柱（或cylinder命令）创建托架轴孔，绘制封闭多义线（或键入pline命令）作为托架筋板的拉伸区域，拉伸筋板（或用extrude命令），命令见下面步骤所示，效果如图3-174所示。

步骤

①（激活右上视图）

②命令：_cylinder

③当前线框密度：ISOLINES=4

④指定圆柱体底面的中心点或[椭圆（E）] <0,0,0>：0,0,66

⑤指定圆柱体底面的半径或[直径（D）]：d

⑥指定圆柱体底面的直径：22

⑦指定圆柱体高度或[另一个圆心（C）]：14

⑧命令：

⑨命令：_cylinder

⑩当前线框密度：ISOLINES=4

⑪指定圆柱体底面的中心点或[椭圆（E）]<0,0,0>：0,0,66

⑫指定圆柱体底面的半径或[直径（D）]：d

⑬指定圆柱体底面的直径：45

⑭指定圆柱体高度或［另一个圆心（C）]：14

⑮命令：

⑯命令：_pline

⑰指定起点：-41,50

⑱当前线宽为0.0000

⑲指定下一个点或［圆弧（A)/半宽（H)/长度（L)/放弃（U)/宽度（W)]：tan（在位置1捕捉切点）

⑳指定下一点或［圆弧（A）/闭合（C）/半宽（H）/长度（L）/放弃（U）/宽度（W）]：0,0

㉑指定下一点或［圆弧（A）/闭合（C）/半宽（H）/长度（L）/放弃（U）/宽度（W）]：0,50

㉒指定下一点或［圆弧（A）/闭合（C）/半宽（H）/长度（L）/放弃（U）/宽度（W）]：c

㉓命令：

㉔命令：_extrude

㉕当前线框密度：ISOLINES=4

㉖选择对象：（选择刚画的多义线）

㉗选择对象：↙

㉘指定拉伸高度或［路径（P）]：10

㉙指定拉伸的倾斜角度<0>：↙

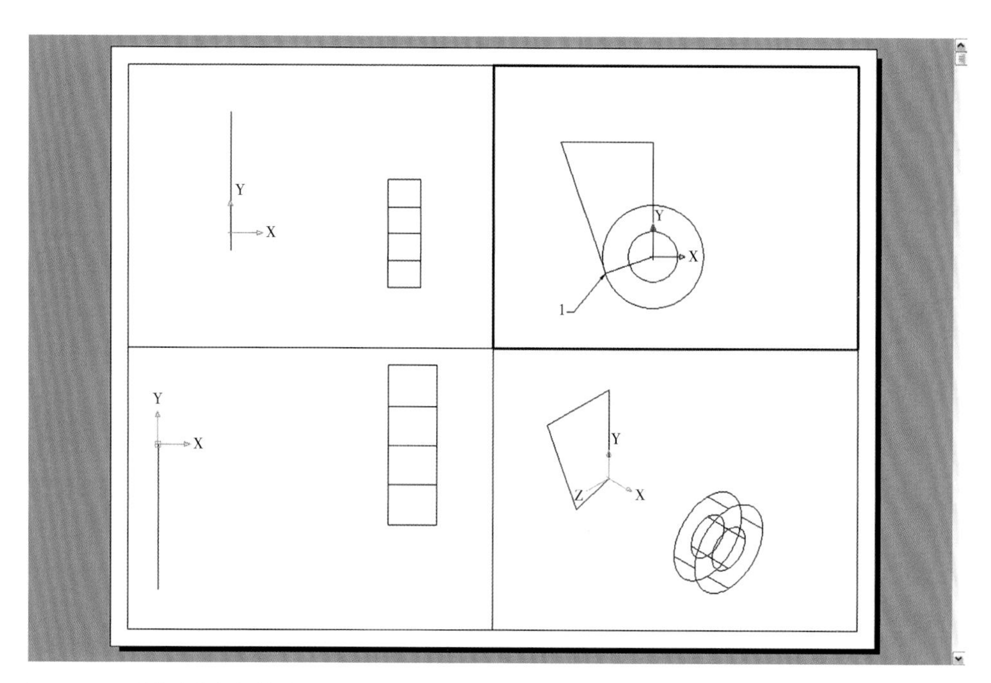

图3-174 制作脚轮托架轴孔

（12）镜像筋板的另一半（或mirror命令），建立托板底座（或box命令）；合并轴孔、筋板、底座（或union命令），减出轴孔（或subtract命令），命令见下面步骤所示，效果如图3-175、图3-176所示。

步骤

①（激活右上视图）

②命令：_mirror

③选择对象：（选择筋板）

④选择对象：↙ 指定镜像线的第一点：0,0

⑤指定镜像线的第二点：0,1

⑥是否删除源对象？[是（Y）/否（N）] <N>：↙

⑦命令：

⑧命令：_box

⑨指定长方体的角点或[中心点（CE）] <0,0,0>：-41,50

⑩指定角点或[立方体（C）/长度（L）]：41,58

⑪指定高度：38

⑫命令：

⑬命令：_move

⑭选择对象：(选择左右两块筋板和托板底座)

⑮选择对象：↙ 指定基点或位移：0,0,0

⑯指定位移的第二点或 <用第一点作位移>：0,0,66

⑰命令：_union

⑱选择对象：(选择物体1、2、3、4)

⑲选择对象：↙

⑳命令：

㉑命令：_subtract 选择要从中减去的实体或面域…

㉒选择对象：(选择物体1+2+3+4)

㉓选择对象：↙ 选择要减去的实体或面域…

㉔选择对象：(选择物体5)

㉕选择对象：↙

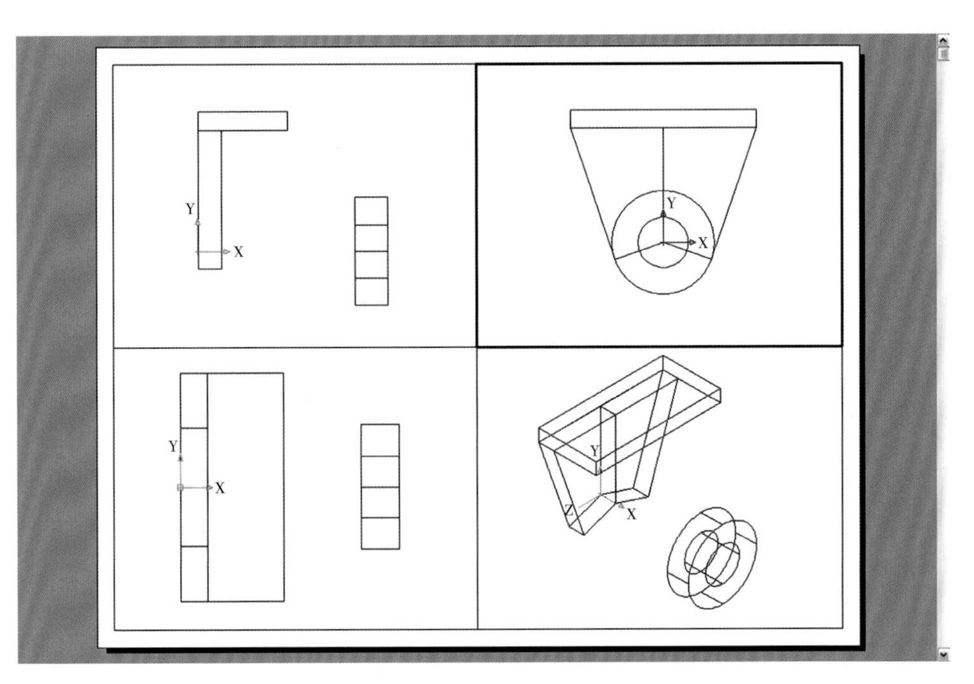

图3-175 制作脚轮建立托板底座

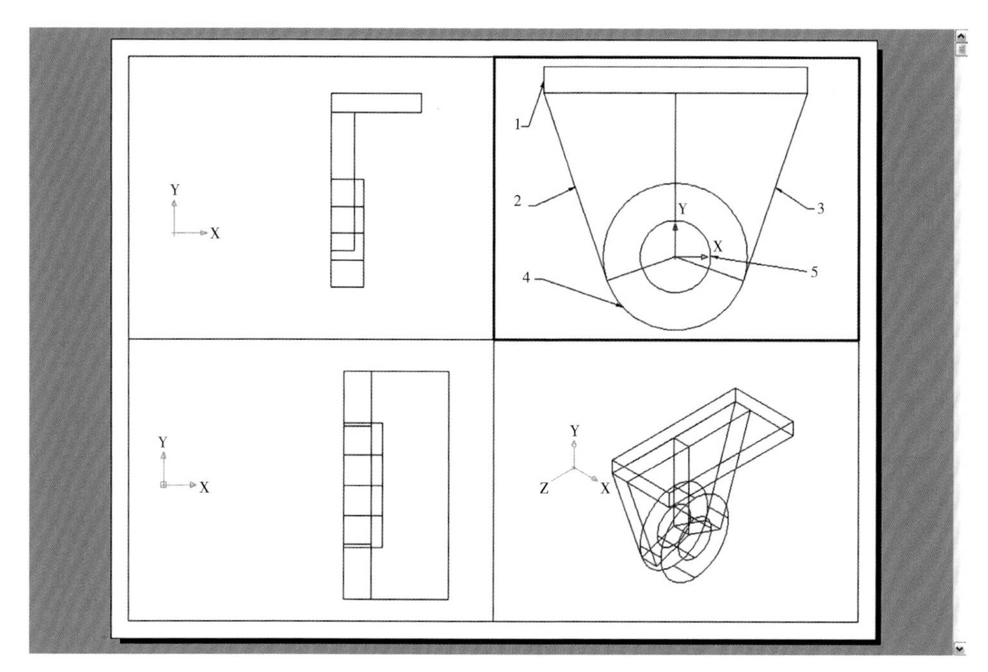

图3-176 制作脚轮合并轴孔、筋板、底座

（13）设定新的ucs坐标，在新坐标上建立一个圆柱（或cylinder命令）；镜像出另一圆柱（或mirror命令），然后钻孔（或subtract命令）和倒圆角（或fillet命令），命令见下面步骤所示，效果如图3-177~图3-179所示。

步骤

①（激活右下视图）

②命令：ucs

③当前 UCS 名称：*主视*

④输入选项

⑤[新建（N）/移动（M）/正交（G）/ 上一个（P）/恢复（R）/保存（S）/删除（D）/应用（A）/? /世界（W）]<世界>：n

⑥指定新UCS的原点或[Z轴（ZA）/三点3、/对象（OB）/面（F）/视图（V）/X/Y/Z] <0,0,0>：3

⑦指定新原点<0,0,0>：（捕捉端点1）

⑧在正 X 轴范围上指定点 <67.0000,58.0000,41.0000>：（捕捉端点2）

⑨在UCS XY平面的正Y轴范围上指定点<66.0000,59.0000,41.0000>:（捕捉端点3）

⑩（激活右下视图）

⑪命令：_cylinder

⑫当前线框密度：ISOLINES=4

⑬指定圆柱体底面的中心点或[椭圆（E）]<0,0,0>：26,12

⑭指定圆柱体底面的半径或[直径（D）]：d

⑮指定圆柱体底面的直径：6

⑯指定圆柱体高度或[另一个圆心（C）]：-8

⑰命令：

⑱命令：_mirror

⑲选择对象：（选择刚画的小圆柱）

⑳选择对象：↙指定镜像线的第一点：（捕捉中点1）

㉑指定镜像线的第二点：（捕捉中点2）

㉒是否删除源对象？[是（Y）/否（N）]<N>：↙

㉓（激活右下视图）

㉔命令：_subtract 选择要从中减去的实体或面域...

㉕选择对象：（选择托架）

㉖选择对象：↙选择要减去的实体或面域...

㉗选择对象：（选择两个小圆柱）

㉘选择对象：↙

㉙命令：

㉚命令：_fillet

㉛当前设置：模式=修剪，半径=0.0000

㉜选择第一个对象或[多段线（P）/半径（R）/修剪（T）/多个（U）]:（选择边1）

㉝输入圆角半径：12

㉞选择边或[链（C）/半径（R）]:（选择边2）

㉟选择边或[链（C）/半径（R）]：↙

㊱已选定两个边用于圆角

㊲(激活左下视图)

㊳命令：_mirror

㊴选择对象：(选择托架)

㊵选择对象：↙ 指定镜像线的第一点：40,0

㊶指定镜像线的第二点：40,1

㊷是否删除源对象？[是(Y)/否(N)]<N>：↙

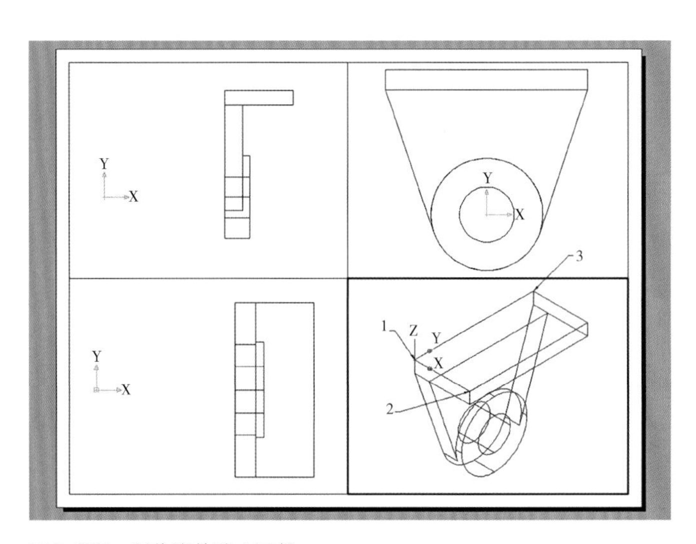

图3-177　制作脚轮建立圆柱

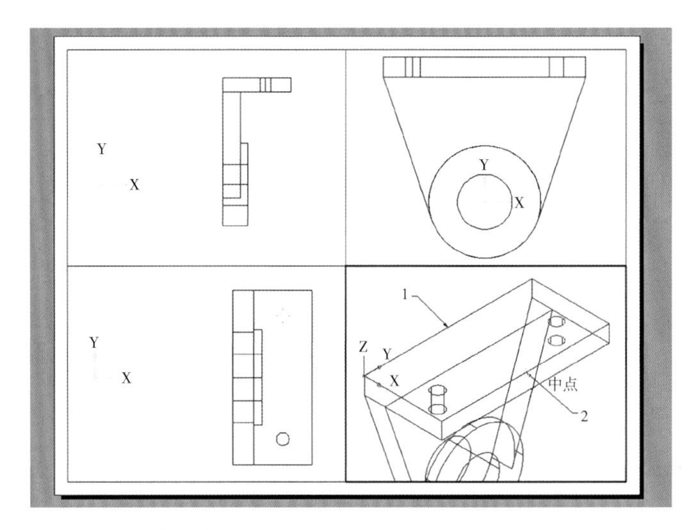

图3-178　制作脚轮镜像圆柱

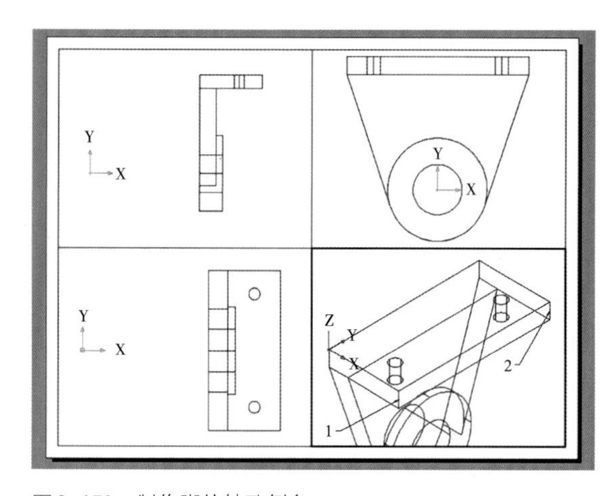

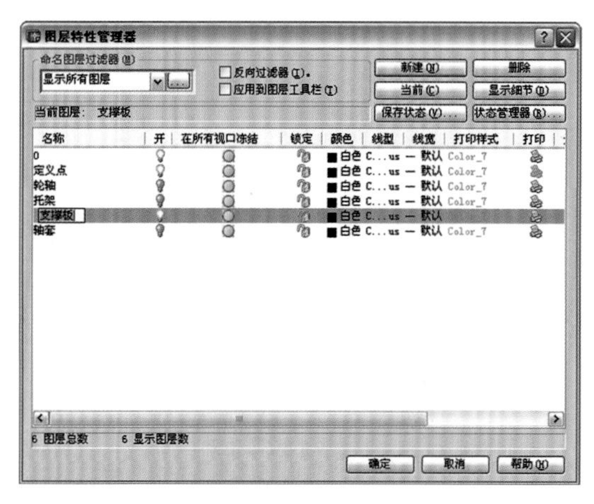

图3-179　制作脚轮钻孔倒角　　图3-180　制作脚轮新建支撑板图层

（14）建立支撑板，打开图层特性管理器，新建图层“支撑板”，并将该层设为当前层，关闭图层“托架”，如图3-180所示。

（15）重新建立ucs，用box，用union和subtract命令将三块平板组合成一块支撑板，用fillet倒圆角，命令见下面步骤所示，效果如图3-181、图3-182所示。

步骤

①（激活左下视窗）

②命令：ucs

③当前 UCS 名称：*俯视*

④输入选项

⑤[新建（N）/移动（M）/正交（G）/上一个（P）/恢复（R）/保存（S）/删除（D）/应用（A）/? /世界（W）] <世界>：n

⑥指定新 UCS 的原点或 [Z 轴（ZA）/三点3、/对象（OB）/面（F）/视图（V）/X/Y/Z] <0,0,0>：40,0,58

⑦命令：

⑧命令：_box

⑨指定长方体的角点或[中心点（CE）] <0,0,0>：-64,-41

⑩指定角点或[立方体（C）/长度（L）]：64,41

⑪指定高度：12

⑫命令：

⑬命令：_box

⑭指定长方体的角点或［中心点（CE）］<0,0,0>：-26,-41,-4

⑮指定角点或［立方体（C）/长度（L）］：26,41,-4

⑯指定高度：4

⑰命令：

⑱命令：_box

⑲指定长方体的角点或［中心点（CE）］<0,0,0>：-21,-41,8

⑳指定角点或［立方体（C）/长度（L）］：21,41,8

㉑指定高度：4

㉒（激活右下视窗）

㉓命令：_union

㉔选择对象：（选择物体1、2）

㉕选择对象：↙

㉖命令：

㉗命令：_subtract 选择要从中减去的实体或面域…

㉘选择对象：（选择物体1+2）

㉙选择对象：↙ 选择要减去的实体或面域…

㉚选择对象：（选择物体3）

㉛选择对象：↙

㉜（激活右下视图）

㉝命令：_fillet

㉞当前设置：模式=修剪，半径=12.0000

㉟选择第一个对象或［多段线（P）/半径（R）/修剪（T）/多个（U）］：（选择边1）

㊱输入圆角半径 <12.0000>：↙（圆角半径若不是12则需要输入12）

㊲选择边或［链（C）/半径（R）］：（选择边2）

㊳选择边或［链（C）/半径（R）］：（选择边3）

㊴选择边或 [链 (C)/半径 (R)]:(选择边4)

㊵选择边或 [链 (C)/半径 (R)]: ↙

㊶已选定 4 个边用于圆角

㊷(激活左下视图)

㊸命令: _cylinder

㊹当前线框密度: ISOLINES=4

㊺指定圆柱体底面的中心点或 [椭圆 (E)] <0,0,0>: 52,29

㊻指定圆柱体底面的半径或 [直径 (D)]: d

㊼指定圆柱体底面的直径: 6

㊽指定圆柱体高度或 [另一个圆心 (C)]: 12

㊾命令:

㊿命令: _cylinder

51 当前线框密度: ISOLINES=4

52 指定圆柱体底面的中心点或 [椭圆 (E)] <0,0,0>: 52,-29

53 指定圆柱体底面的半径或 [直径 (D)]: d

54 指定圆柱体底面的直径: 6

55 指定圆柱体高度或 [另一个圆心 (C)]: 12

56 命令:

57 命令: _mirror

58 选择对象:(选择以上画的两个小圆柱)

59 选择对象: ↙ 指定镜像线的第一点: 0,0

60 指定镜像线的第二点: 0,1

61 是否删除源对象? [是 (Y)/否 (N)] <N>: ↙

62 命令:

63 命令: _subtract 选择要从中减去的实体或面域...

64 选择对象:(选择支撑板)

65 选择对象: ↙ 选择要减去的实体或面域...

66 选择对象:(选择四个小圆柱)

67 选择对象: ↙

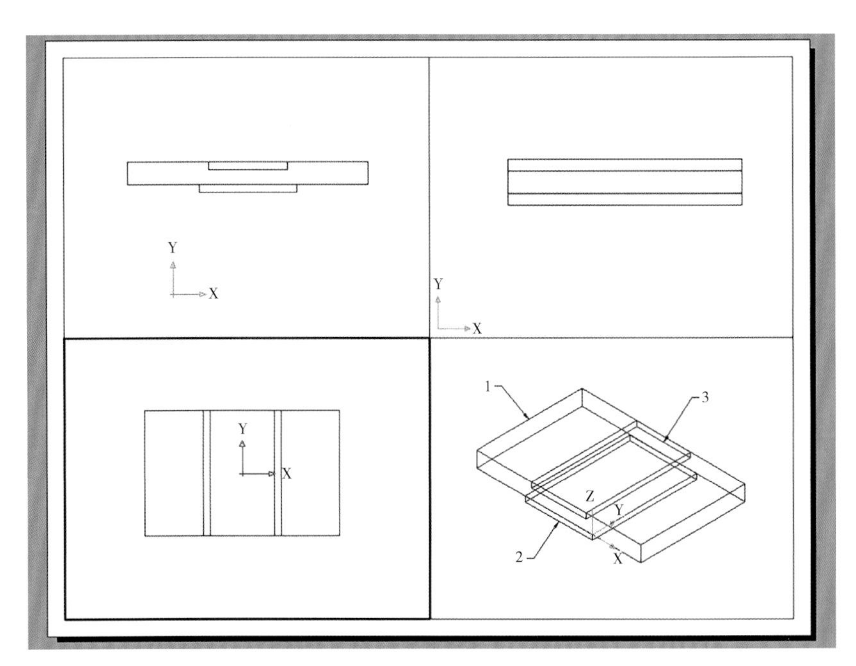

图 3-181　制作脚轮实例建立三块平板

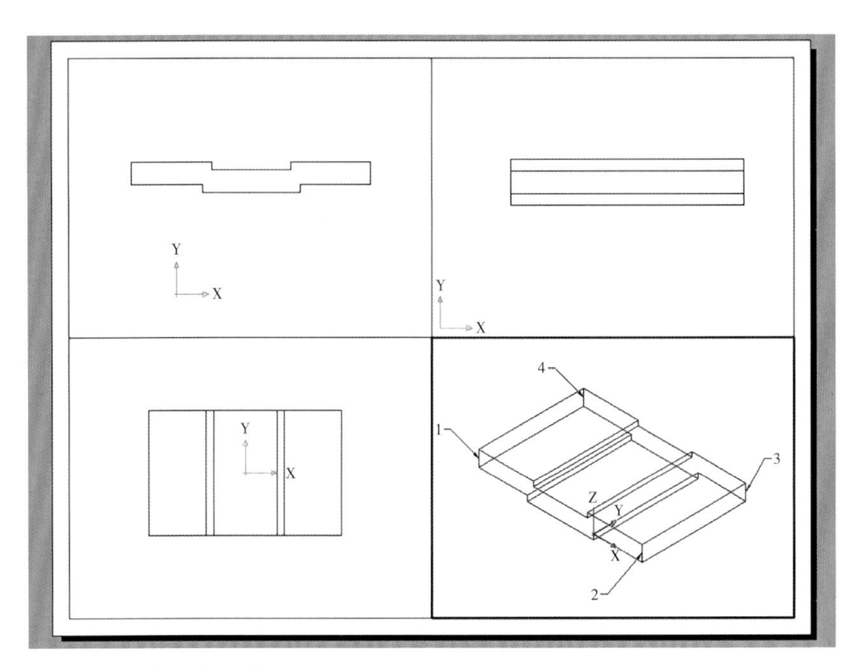

图 3-182　制作脚轮支撑板

（16）建立轮子，打开图层特性管理器，新建图层“轮子”，并将该层设为当前层，关闭图层“支撑板”。

（17）用多义线（或pline命令）画出轮子的截面，再生成旋转体用（或revolve命令），命令见下面步骤所示。

步骤

①（激活左上视图）

②命令：_pline

③指定起点：30,11

④当前线宽为0.0000

⑤指定下一点或[圆弧（A）/半宽（H）/长度（L）/放弃（U）/宽度（W）]：@20,0

⑥指定下一点或[圆弧（A）/闭合（C）/半宽（H）/长度（L）/放弃（U）/宽度（W）]：@0,7

⑦指定下一点或 [圆弧（A）/闭合（C）/半宽（H）/长度（L）/放弃（U）/宽度（W）]：@-15,0

⑧指定下一点或 [圆弧（A）/闭合（C）/半宽（H）/长度（L）/放弃（U）/宽度（W）]：@0,18

⑨指定下一点或 [圆弧（A）/闭合（C）/半宽（H）/长度（L）/放弃（U）/宽度（W）]：@15,2

⑩指定下一点或 [圆弧（A）/闭合（C）/半宽（H）/长度（L）/放弃（U）/宽度（W）]：@0,2

⑪指定下一点或 [圆弧（A）/闭合（C）/半宽（H）/长度（L）/放弃（U）/宽度（W）]：@-20,0

⑫指定下一点或 [圆弧（A）/闭合（C）/半宽（H）/长度（L）/放弃（U）/宽度（W）]：c

⑬命令：

⑭命令：_revolve

⑮当前线框密度：ISOLINES=4

⑯选择对象：（选择刚画好的轮子截面）

⑰选择对象：↙

⑱指定旋转轴的起点或

⑲定义轴依照 [对象（O）/X 轴（X）/Y 轴（Y）]：x

⑳指定旋转角度 <360>：↙

（18）打开所有关闭的图层，在工具图标上点右键打开“视口”工具栏，分别激活四个视图，将显示比例改为统一的并使脚轮大小合适的值（如1：2），用平移（鼠标中键）来对齐四个脚轮位置，如图3-183、图3-184所示。

图3-183　制作脚轮视口工具

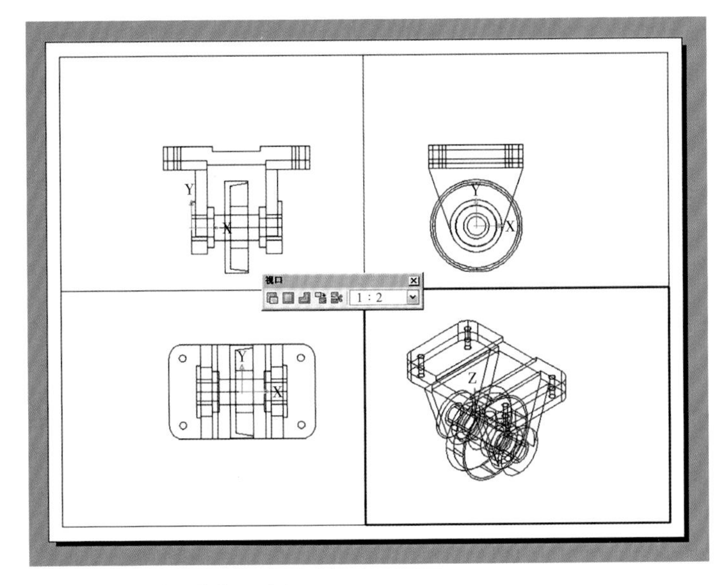

图3-184　制作脚轮位置对齐

（19）打开图层特性管理器，在线型栏中，点击任意一个“Continuous”打开选择线型对话框，加载“HIDDEN”线型，退出两个对话框，分别在四个视窗点图标（或执行solprof命令）生成零件轮廓，命令见下面步骤所示。

步骤

①（激活左上视图）

②命令：_solprof

③选择对象：（框选脚轮的全部零件）

④选择对象：↙

⑤是否在单独的图层中显示隐藏的轮廓线？[是（Y）/否（N）]<是>：↙

⑥是否将轮廓线投影到平面？[是（Y）/否（N）]<是>：↙

⑦是否删除相切的边？[是（Y）/否（N）]<是>：↙

⑧已选定 6 个实体

⑨（激活右上视图）

⑩命令：_solprof

⑪选择对象：（框选脚轮的全部零件）

⑫选择对象：↙

⑬是否在单独的图层中显示隐藏的轮廓线？[是（Y）/否（N）]<是>：↙

⑭是否将轮廓线投影到平面？[是（Y）/否（N）]<是>：↙

⑮是否删除相切的边？[是（Y）/否（N）]<是>：↙

⑯已选定6个实体

⑰（激活左下视图）

⑱命令：_solprof

⑲选择对象：（框选脚轮的全部零件）

⑳选择对象：↙

㉑是否在单独的图层中显示隐藏的轮廓线？[是（Y）/否（N）]<是>：↙

㉒是否将轮廓线投影到平面？[是（Y）/否（N）]<是>：↙

㉓是否删除相切的边？[是（Y）/否（N）]<是>：↙

㉔已选定6个实体

㉕命令：

㉖（激活右下视图）

㉗命令：_solprof

㉘选择对象：（框选脚轮的全部零件）

㉙选择对象：↙

㉚是否在单独的图层中显示隐藏的轮廓线？[是（Y）/否（N）]<是>：↙

㉛是否将轮廓线投影到平面？[是（Y）/否（N）]<是>：↙

㉜是否删除相切的边？[是(Y)/否(N)]<是>：↙

㉝已选定6个实体

（20）点击软件界面最下面的“模型”，切换到“图纸”模式；打开图层特性管理器对话框，关闭图层“0”“轮轴”“托架”“支撑板”“轴套”，隐藏四个视窗的边界和所有零件实体（如果虚线比例不好，可用系统变量ltscale调整），将所有“PV”开头的图层线宽加粗（如0.60毫米）；打开软件界面最下方的“线宽”按钮显示出宽线，如图3-185、图3-186所示。

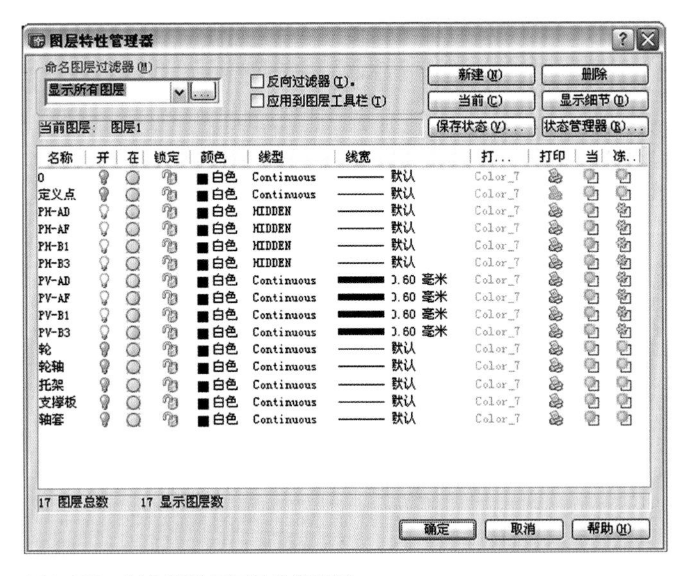

名称	开	在	锁定	颜色	线型	线宽	打...	打印	当	冻..
0				白色	Continuous	默认	Color_7			
定义点				白色	Continuous	默认	Color_7			
PH-AD				白色	HIDDEN	默认	Color_7			
PH-AF				白色	HIDDEN	默认	Color_7			
PH-B1				白色	HIDDEN	默认	Color_7			
PH-B3				白色	HIDDEN	默认	Color_7			
PV-AD				白色	Continuous	0.60 毫米	Color_7			
PV-AF				白色	Continuous	0.60 毫米	Color_7			
PV-B1				白色	Continuous	0.60 毫米	Color_7			
PV-B3				白色	Continuous	0.60 毫米	Color_7			
轮				白色	Continuous	默认	Color_7			
轮轴				白色	Continuous	默认	Color_7			
托架				白色	Continuous	默认	Color_7			
支撑板				白色	Continuous	默认	Color_7			
轴套				白色	Continuous	默认	Color_7			

图3-185　制作脚轮图层特性管理器

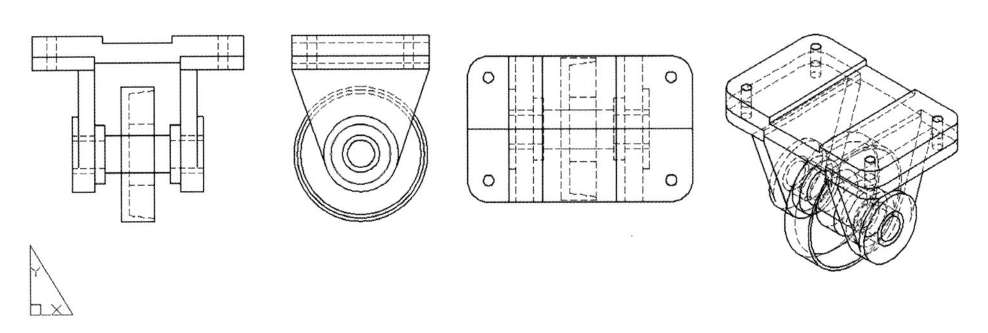

图3-186　制作脚轮模型

（21）最后新建一图层标注尺寸，这里不再详述。

参考文献

[1] 宋建明.色彩设计在法国：法国著名色彩设计大师让・菲力普・郎科罗的研究、教学与社会实践[M].上海：上海人民美术出版社，1999.

[2] 赵平勇.设计色彩学[M].北京：中国传媒大学出版社，2006.

[3] 余志鸿.传播符号学[M].上海：上海交通大学出版社，2007.

[4] 蒋啸镝，杨君顺，等. 3DS MAX全面攻克[M].哈尔滨：哈尔滨工程大学出版社，2008.

[5] 贝尔（Jon A. Bell），等. 3D Studio MAX R2.5大全[M].潇湘工作室，译.北京：机械工业出版社，1999.

附录　操作命令快捷键

快捷键，又称快速键或热键，指通过某些特定的按键、按键顺序或按键组合来完成一个操作，很多快捷键往往是字母键与Ctrl键、Shift键、Alt键等配合使用。利用快捷键可以代替鼠标做一些工作，使我们的操作更加快捷高效。三维动画制作和渲染软件3D Studio Max是我们常用的建模软件，其操作命令众多，熟悉其常用的命令快捷键可以更好、更快地完成数字建模。附表中列举了3D Studio Max使用中最常用的命令快捷键，以供参考。

附表　3D Studio Max常用命令快捷键

快捷键	对应命令	快捷键	对应命令
A	角度捕捉开关	Ctrl+A	重做场景操作
B	切换到底视图	Ctrl+B	子对象选择开关
C	切换到摄像机视图	Ctrl+F	循环选择模式
D	封闭视窗	Ctrl+L	默认灯光开关
E	切换到轨迹视图	Ctrl+N	新建场景
F	切换到前视图	Ctrl+O	打开文件
G	切换到网格视图	Ctrl+P	平移视图
H	显示通过名称选择对话框	Ctrl+R	旋转视图模式
I	交互式平移	Ctrl+S	保存文件
K	切换到背视图	Ctrl+T	纹理校正
L	切换到左视图	Ctrl+Z	取消场景操作
N	动画模式开关	Ctrl+Spacebar	创建定位锁定键
O	自适应退化开关	Shift+A	重做视图操作
P	切换到透视用户视图	Shift+B	视窗立方体模式开关
R	切换到右视图	Shift+C	显示摄像机开关
S	捕捉开关	Shift+E	以前次参数设置进行渲染
T	切换到顶视图	Shift+F	显示安全框开关
U	切换到等角用户视图	Shift+G	显示网络开关
W	最大化视窗开关	Shift+H	显示辅助物体开关
X	中心点循环	Shift+I	显示最近渲染生成的图像

续表

快捷键	对应命令	快捷键	对应命令
Z	缩放模式	Shift+L	显示灯光开关
[	交互式移近	Shift+O	显示几何体开关
]	交互式移远	Shift+P	显示粒子系统开关
/	播放动画	Shift+Q	快速渲染
F5	约束到X轴方向	Shift+R	渲染场景
F6	约束到Y轴方向	Shift+S	显示形状开关
F7	约束到Z轴方向	Shift+W	显示空间扭曲开关
F8	约束轴面循环	Shift+Z	取消视窗操作
Spacebar	选择集锁定开关	Shift+4	切换到聚光灯/平行灯光视图
End	进到最后一帧	Shift+\	交换布局
Home	进到起始帧	Shift+Spacebar	创建旋转锁定键
Insert	循环子对象层级	Shift+GREY+	移近两倍
Page Up	选择父系	Shift+GREY	移远两倍
Page Down	选择子系	ALT+S	网格与捕捉设置
GREY+	向上轻推网格	ALT+Spacebar	循环通过捕捉
GREY–	向下轻推网格	ALT+Ctrl+Z	场景范围充满视窗
		Alt+Ctrl+Spacebar	偏移捕捉
		Shift+Ctrl+A	自适应透视网线开关
		Shift+Ctrl+P	百分比捕捉开关
		Shift+Ctrl+Z	全部场景范围充满视窗

注 1.Spacebar键是指空格键。

2.两键之间的+代表前后两键配合使用。

3.GREY+键是指右侧数字小键盘上的加号键。

4.GREY–键是指右侧数字小键盘上的减号键。

5.使用时NUMLOCK键要处于非激活状态。